中央空调冰蓄冷电蓄热技术及应用

王雅然　李成军　王天宇　著

中国建筑工业出版社

图书在版编目（CIP）数据

中央空调冰蓄冷电蓄热技术及应用/王雅然，李成军，王天宇著．—北京：中国建筑工业出版社，2023.9

ISBN 978-7-112-29083-3

Ⅰ.①中… Ⅱ.①王…②李…③王… Ⅲ.①集中空气调节系统-制冷系统-研究 Ⅳ.①TB657.2

中国国家版本馆 CIP 数据核字（2023）第 161696 号

责任编辑：费海玲　张幼平
责任校对：张　颖
责任整理：赵　菲

中央空调冰蓄冷电蓄热技术及应用
王雅然　李成军　王天宇　著
*
中国建筑工业出版社出版、发行（北京海淀三里河路 9 号）
各地新华书店、建筑书店经销
北京光大印艺文化发展有限公司制版
北京中科印刷有限公司印刷
*
开本：787 毫米×1092 毫米　1/16　印张：10¾　字数：230 千字
2023 年 9 月第一版　　2023 年 9 月第一次印刷
定价：**58.00** 元

ISBN 978-7-112-29083-3
(41621)

前言

随着社会的发展和人类的进步，全球的能源需求也在不断增加，预计到2040年，全球一次能源消费量将增长48%。能源利用率低以及能源过度消耗引发的环境问题，已成为全世界面临的亟需解决的问题。从长远来看，减少一次能源耗量，加大对可再生能源的利用对解决能源问题具有十分重要的作用。然而，太阳能、风能等可再生能源的利用目前都存在着热能分散、能源连续性和稳定性差的问题。聚焦国内，中国人口众多，近年来随着经济迅速发展，居民生活水平不断提高，能源短缺的问题也日渐凸显。一方面，我国能源需求急剧上升，能源供给不足；另一方面，可再生能源具有明显的间歇性和不稳定性。这就需要考虑既可以解决供暖热负荷能源消耗，又可以解决可再生能源稳定性的方法。因此冰蓄冷技术和电蓄热技术受到了越来越多的关注——该技术可以充分利用能源间歇供应的特点，解决可再生能源不稳定的问题。我国在1994年电力部郑州会议上，正式将蓄冰空调系统列为十大节能措施之一。目前中国的大部分重点建筑工程、标志性建筑都采用了冰蓄冷技术或电蓄热技术，冰蓄冷技术和电蓄热技术的广泛应用为中国的节能减排作出了巨大的贡献。

目前，电网在运行中的负荷很不平衡，利用低谷电蓄能技术解决建筑的冷热源可以帮助电网“削峰填谷”，平衡负荷。低谷电蓄冷、蓄热是利用夜间低谷电蓄冷，白天通过融冰板式换热器释冷供空调使用，具有以下优点：为用户降低运行费用；削峰填谷，平衡电网负荷，电网负荷率上升可以减少发电煤耗，同时降低电网线损，延长电网使用年限；降低用户端峰值负荷，保证供电设备稳定运行。低谷电蓄能技术发展前景广阔，也符合节能减排的发展方向。随着对节能减排的重视程度的提高，低谷电蓄能技术在大型公共建筑以及工业建筑中的应用会越来越广泛。为了促进环保、减少碳排放，有些地方政府给予了很大力度的支持，甚至补助，这些举措更加推动了低谷电蓄能空调技术的广泛应用。

本书共分六章。第一章绪论主要介绍了冰蓄冷和电蓄热技术及其研究现状；第二章主要阐述了蓄能空调（冰蓄冷空调、水蓄热空调）的发展史、技术原理和意义、技术特点、适用条件、设备分类、配置模式和机房设计要点；第三章主要介绍了蓄能空调设备（蓄冰设备、蓄热设备）的分类和特点；第四章主要介绍了自控技术在低谷电蓄能空调中的应用；第五章主要介绍了冰蓄冷和电蓄热的优化研究；第六章主要介绍了冰蓄冷技术应用实例、电极式锅炉水蓄热技术应用实例。参与本书编写的除了王雅然、李成军、王天宇外，还有侯娟、谢迎春、于英波、张建明、李承春、于东、李成志、王效勇等。

由于编者水平有限，书中难免有不妥之处，恳请读者批评、指正。

编者

2023 年 7 月

目录

1 绪　论

1.1 蓄冷

蓄冷是储能技术的一个方面。常用的蓄冷空调主要有水蓄冷（显热蓄冷）和冰蓄冷（潜热蓄冷）。蓄冷技术的具体分类如图 1.1 所示。

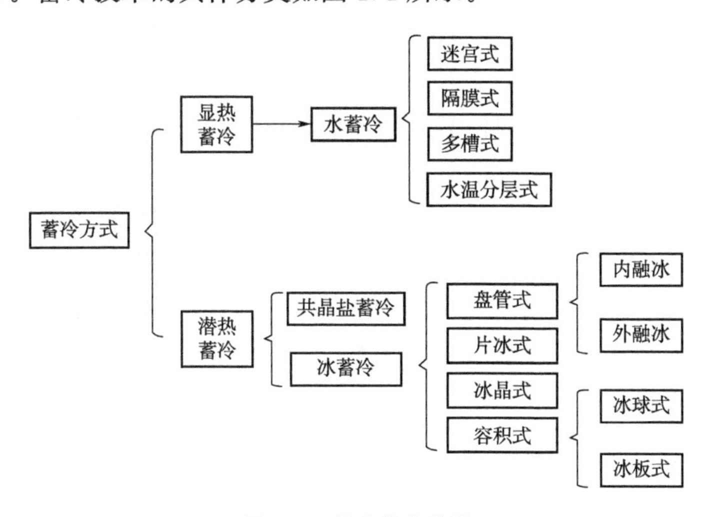

图 1.1　蓄冷技术分类

1.1.1 冰蓄冷技术

冰蓄冷是目前最常用的蓄冷方式，冰蓄冷空调系统因其简单的结构和显著的社会经济效益而被广泛应用。冰蓄冷空调技术是一种以冰作为蓄冷介质，利用水的相变进行能量存储和释放的应用技术：电力负荷低谷期，冰蓄冷机组对载冷剂进行降温，低温的载冷剂溶液与水进行换热，完成蓄冰工况；在电力负荷高峰期，载冷剂与蓄冰槽内的冰再次进行换热，使载冷剂降温，完成融冰工况。

在静态蓄冰方式中，目前较为常用的是盘管式冰蓄冷系统。根据融冰方式的不同，盘管式冰蓄冷系统可分为外融冰盘管冰蓄冷系统和内融冰盘管冰蓄冷系统。Soltan 等人对圆形截面蓄冰盘管周围水成冰时间进行了研究，对具有相似初始条件和边界条件的圆形盘管周围冰水相变过程进行了瞬态传热性质分析，利用有限差分算法建立了基于柱坐标系的数值模型。研究结果表明，20mm 直管段周围生成 10mm 厚的冰层需要 2609.4s。赵建会等人对盘管冰蓄冷装置蓄冰、融冰过程的原理与特点进行了分析，利用 Fluent 软件对冰盘管蓄冷系统蓄冰、融冰过程进行了数值模拟；研究发现，蓄冰过程中，沿蓄冰槽长宽方向的温度分布较均匀，沿高度方向出现温度分层现象，且蓄冰率呈现前期缓慢、中期最快、后期逐渐变缓的趋势。而在融冰过程中，释冷量和融冰速率与循环水量和进出口温差成正比关系。Li 等人研究了载冷剂流速、管内径、初始水温和载冷剂入口温度对冰蓄冷系统换热性能的影响，对单管蓄冰过程建立三维数值模型，并利用焓法进行求解。研究结果表明，载冷剂流速越快，蓄冰管内径越大，初始水温越低以及载冷剂入口温度越低，系统换热性能越好。Lopez-Navarro 等人对蓄冰时螺旋盘管蓄冰槽的温度和性能以及融冰时槽内浮冰的影响进行了实验研究，通过改变传热流体（HTF）的流速和入口温度研究其对蓄冰槽蓄融冰性能的影响。研究结果表明，蓄冰时，流速和入口温度越低，系统能耗越低，但流速过低会导致蓄冰时间增加；融冰时，流速和入口温度越高，融冰时间越短，且入口温度与系统冷却功率几乎成线性关系。同时当槽内产生浮冰时，相比于上方冰盘管，下方盘管中的传热流体温度增加更快。Li 等人基于非稳态导热理论对蓄冰盘管式换热器进行了数值分析，得到了冰层融化过程以及过固液两相温度分布的解析解，并且通过数值模拟和实验研究发现蓄冰槽底部水的过冷度较大且下部的冰层先发生融化。Yang 等人探讨了载冷剂入口温度对盘管蓄冰板热性能的影响，利用 ANSYS 建立了盘管式蓄冰板的三维数值模型，研究不同入口温度下盘管蓄冰板的蓄冰过程。研究结果表明，较低的入口温度可以提高系统换热效率和冰层形成速率，缩短蓄冰时间，但入口温度降低会导致 *COP* 降低，因此在实际工程中需考虑系统的整体效率，不能盲目降低入口温度。这为实际工程运行工况的调节提供了参考。

1.1.2 冰蓄冷强化换热技术

冰的传热系数低，制冷介质和水之间的热阻随着冰层厚度增加而增加，冰的这一传热特性阻碍了冰蓄冷技术的广泛应用。提高传热系数的强化传热技术可以分为主动强化技术（也称有源强化技术）和被动强化技术（也称无源强化技术），其中被动强化技术中的改变换热器结构强化换热应用比较广泛。改变换热器结构强化换热即增加传热面积或采用特殊结构来提高换热器的传热系数，包括插入翅片和异形表面等。

1）插入翅片

Agyenim 等人通过实验对加纵向和环形翅片前后蓄冰系统进行了对比研究，利用等温线图和温度—时间曲线比较系统的传热性能。研究发现，纵向翅片系统蓄放热性能最佳，可减少蓄冰时间，降低过冷度。Ismail 等人对光管、翅片管以及装有湍流器的翅片管的冰蓄冷系统的热特性进行了研究，通过实验研究了传热流体温度、流速、翅片直径对相变界面位置、固体质量分数及完成蓄冰时间的影响，分析了湍流器对系统传热性能的影响。研究结果表明，传热流体温度越低，流速越高，则系统内水的成冰速率越高，但相比于温度，流速的影响较小。Jannesari 等人对盘管冰蓄冷系统中插入交错板和环状翅片后的性能进行了分析研究，通过对光管、交错板盘管以及环状翅片盘管进行数值模拟研究，得出结论：与光管相比，交错板盘管和翅片盘管的管上结冰量分别增加了 21%和 34%，且与翅片盘管相比，交错板盘管所成的冰更加均匀，具有更好的性能。

2）异形表面

除了研究插入翅片对冰蓄冷系统的影响外，学者们还对改变盘管结构强化换热进行了研究。作为一种新型、高效管壳式换热器，波节管换热器已越来越受到关注。与传统光管换热器相比，波节管换热器具有传热效率高、不易结垢及热补偿能力强等特点。波节管类型十分丰富，如纵向型波节管、螺旋型波节管、外凸型波节管、水平纹波节管等。Hu 等人对纵向型、螺旋型和外凸型波节管进行了对比研究，采用实验和数值模拟相结合的方法，对三种波节管的流动特性和传热特性进行了全面研究和比较，通过对流场、温度场及其协同作用的分析，论证了波节管强化传热的机理，并就波形参数对波节管热力水力特性的影响进行了讨论。研究结果表明，努希尔系数 Nu 随雷诺数 Re 和波纹高度的增大而增大，随波纹间距的增大而减小。横向波节管的最大 Nu 比光管大 60%，螺旋波节管在波节无量纲高度为 0.03、无量纲间距为 0.6、Re 为 12000 时综合性能最好，性能评估标准指数约为 1.09。Li 等人通过实验研究了纵向型波节管内湍流对流传热强化的机理，探讨了波节管管壁粗糙度和普朗特系数 Pr 对系统传热性能的增强作用。研究表明，当波节高度小于黏性边界层厚度时，不会强化传热，当波节高度约为黏性边界层的 3 倍时，传热强化效果最佳。此外，Pr 通过影响导热边界层的厚度也会影响强化传热的性能。Mohammed 等人同样对纵向波节管进行了研究，通过数值模拟研究了波纹高度、间距和宽度三个几何参数对波节管传热强化性能的影响。研究表明，波节管摩擦系数与 Re 无关，而光管摩擦系数随 Re 的增加而减小。当 Re 为 5000，无量纲波纹高度为 0.025 时波节管的综合性能最好。Hærvig 等人通过 Fluent 模拟对 28 种几何形状不同的正弦螺旋波节管中充分发展的流场进行了数值研究，研究波节高度及波节间距对波节管内流场发展的影响。研究结果表明，随着波节高度的增加，管内的涡流逐渐发展为主体流态；随着波节间距的增加，涡流不断发展，当达到最大 Nu 时涡流发展到最大，再进一步增加波节间距则会导致涡流减少。Yang 等人利用 Fluent 模拟研究了波纹深度、间距等参数对螺旋波节管传热性能的影响，基于田口法分析了具有最佳传热性能的最优结构。研究结果表明，较大的波纹深度和较小的波纹间距可以提高传热性能。Chen 等人对非对称外凸型波节管内湍流的换热特性和流动特性进行了数值模拟和实验研究，比较了波节管管侧和壳侧的热力学性能。研究结果表明，与波节管管侧相比，壳侧的热边界层厚度更小，强化换热效果更加明显。

1.2 蓄热

相变蓄热技术是储能技术的主要方向之一。蓄热系统中相变材料（PCM）的研究至关重要。根据化学成分的不同，相变蓄热材料可分为有机类、无机类和复合类，如图 1.2 所示。由于单一相变蓄热材料自身存在不足，大部分相变材料的热导率较低，如有机类相变材料热导率约为 0.3W/(m^2·K)，无机盐类热导率约为 0.5W/(m^2·K)，因此结合不同相变材料特点的复合相变材料应运而生。同时为提高相变蓄热系统的传热性能，许多学者针对相变传热的强化技术进行了研究。

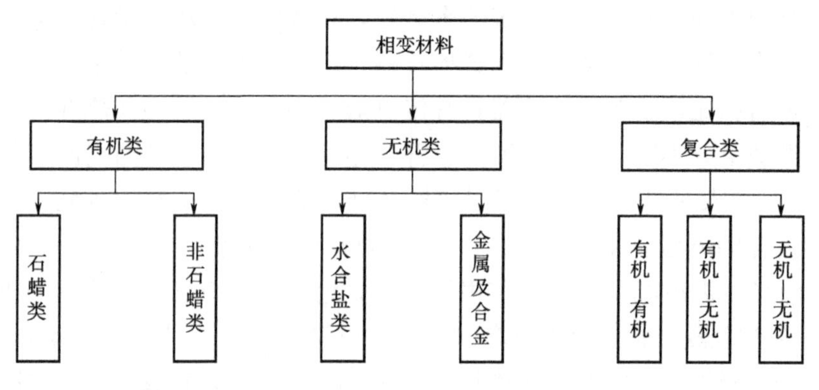

图 1.2　相变材料分类

1.2.1　相变蓄热强化换热技术

根据基本传热方程 $Q=K\cdot F\cdot\Delta T$，强化传热方法主要有 3 种：一是提高相变材料的热导率，如在相变材料中添加高热导率的多孔介质（泡沫金属、膨胀石墨）或纳米粒子；二是增大传热流体和相变材料之间的换热面积，如加装翅片、使用热管或者对相变材料进行封装；三是增大换热温差，例如将多种不同相变温度的相变材料在传热流体流动方向上按相变温度降序排列，依次来实现梯级蓄热。

1）提升相变材料热导率

提升相变材料的热导率主要通过添加各类填充材料形成复合相变材料来实现。常用的填充材料包括纳米颗粒和多孔介质。

（1）纳米颗粒：在相变材料中加入纳米粒子以提高其热导率的方法最早起源于纳米流体技术。Choi 等人于 1995 年率先介绍了将铜金属纳米粒子悬浮于传热流体中的制备技术，评估了铜纳米相变流体的热导率，从理论上论证了纳米流体概念的可行性。结果表明，与传统传热流体材料相比，铜纳米流体材料可以有效提高热导率，传热速率是传统流体的 2 倍。Wang 等人研究了一种新型铜—水纳米流体的蓄热特性，通过实验研究发现当加入质量分数为 0.1%的铜纳米粒子时，流体的过冷度降低 20.5%，凝固时间缩短 19.2%。Cui 等人在三水醋酸钠溶液中加入铜纳米颗粒，研究了铜纳米颗粒的含量对三水醋酸钠溶液过冷度的影响。研究表明，加入 0.5%的铜纳米颗粒，溶液的传热速率增加近 20%，当初始温度为 70℃时，铜纳米复合材料的过冷度最低约为 0.5℃。近年来，低维碳族纳米材料，如石墨烯、碳纳米管等也迅速发展起来。Meng 等人以碳纳米管负载葵酸-月桂酸-棕榈酸三种混合材料制备了碳纳米管基复合相变材料。研究发现，随着碳纳米管载体含量的增加，复合材料的热导率也增加，最高可达0.6661W/(m·k)。Choi等人通过实验研究了含有碳纳米管、石墨和石墨烯三种填料对相变材料热导率的影响。研究表明，复合相变材料的热导率随碳纳米管、石墨、石墨烯颗粒浓度的增加而增加，其中石墨烯对相变材料热导率的提升效果最好，当石墨烯体积分数为0.1%时，热导率提升了21.5%。

（2）多孔介质：用来提高相变材料导热性能的多孔介质主要包括泡沫金属和膨胀石墨。张涛等人将泡沫金属结构简化成二维模型，推导出泡沫金属作为填充材料时整体相变材料的有效导热系数与泡沫金属孔隙率之间的数学关系式，通过研究发现导热性能随泡沫金属孔隙率的增加而减小。除金属泡沫外，膨胀石墨也是一种常用的多孔介质。膨胀石墨具有导热率高、抗腐蚀性强、性质稳定等优点。Yang等人对膨胀石墨与肉豆蔻酸-棕榈酸-硬脂酸三元共晶混合物复合相变材料进行了研究。Ren等人研究了膨胀石墨对二元硝酸盐溶液热导率性能的提升作用，研究发现，当膨胀石墨的质量分数为7%时，复合材料的热导率是二元硝酸盐溶液的7.3倍。

2）增大换热面积

（1）加装翅片：加装翅片是一种比较成熟的提高传热性能的方法。常见的翅片包括环形翅片、矩形翅片、纵向翅片以及水平翅片。Rathod等人研究了纵向翅片对于潜热蓄能系统热性能的增强作用，并通过改变传热流体入口温度和流速进一步研究纵向翅片的影响。研究发现对于80℃和85℃的入口温度，加装翅片的融化时间分别减少了12.5%和24.52%，而传热流体流速对于该系统的融化时间影响相对较小。Yang等人对加装了环形翅片的管壳式换热器的融化过程进行了研究，研究翅片数量、高度和厚度对系统相变过程的影响。结果发现，加装翅片系统融化时间最多可减少65%，蓄热性能提高。Kim等人研究了不同倾斜角度的矩形翅片对于潜热蓄能装置蓄热性能的提升作用。研究发现翅片的倾斜角度显著影响系统的传热特性，当翅片向下倾斜时，融化速率随翅片角度的减小而减小；当翅片向上倾斜时，随着翅片角度的增加，融化速率减小。Kamkari等人对有无水平翅片的相变蓄热装置进行了对比研究，研究表明翅片效率随翅片数量的增加而增加，总传热率随翅片数量增加而降低。

（2）热管技术：热管在传热流体和相变材料之间充当热流载体，通过其中工质的蒸发与冷凝过程加快传热流体和相变材料之间的换热进程。Shabgard等人对布置方式不同的热管蓄热系统进行了研究，相变材料分别以纵向和横向两种方式流过热管。研究结果表明，不论哪种流动方式，配置热管后均能增大系统的换热系数。其中在相变材料横向流过传热流体管的情况下，热管的各参数对系统换热系数的影响更为显著。

（3）材料封装：在大多数情况下，除了一些水/冰的应用外，相变材料都需要被封装以防止其液相的泄漏并避免相变材料与环境接触。将相变材料封装起来可以增加相变材料与传热流体的传热面积，提升储能系统的热性能。此外，一般在模块中加入纳米粒子或者多孔介质，与相变材料形成复合材料，材料热导率也会大大提升，进而提高系统的传热性能。封装技术可分为微米封装、纳米封装和宏观封装。

3）增大换热温差

增大相变材料和传热流体之间的换热温差可以显著增加相变材料的蓄放热效率，常用的是采用多个不同相变温度的相变材料实现梯级蓄热。Li等人设计了一种多种相变材料串联起来的蓄热装置，研究了相变材料的导热系数、相变潜热与温差、传热流体入口速度与温度等参数对相变材料潜热利用率和储能设备传热效率的影响。结果表明，多种相变材料的相变温差越大，相变材料的潜热利用率和设备传热效率越高，当相变温差为10℃和15℃时，相变材料的潜热利用率分别增加了13.5%和16.53%，设备传热效率分别增加了3.79%和5.02%。

1.2.2 相变蓄热技术在集中供热系统中的应用

近年来，基础设施建设大规模发展，用户的热需求不断上升。为了提高能源的综合利用率，热电联产技术迅速发展。虽然热电联产的电厂在大规模建设并投入使用，但由于电厂的电、热负荷输出比例等问题，热量输出的稳定性及供需平衡无法完全保证。电厂发电时，由于可再生电力不稳定而需要火电进行补充，而以热定电模式下进行热电耦合，就会导致热电厂的热源供热量与负荷需求不平衡，这就需要热网有一定的蓄热能力。以天津市陈塘庄热电厂为例，该热电厂在冬季经常是以电定热的方式运行。在用电高峰期，电厂发电量增加，由于热电耦合供热量增加，远超用户热负荷，因此热网中的阀门开度被迫减小，导致热网的压力急剧增加，既存在安全隐患又产生能源浪费；而不发电的时候，供热量又会出现不足。也就是说热电联产中的热源供热量不能完全由热负荷来决定，属于被动供热。因此需要热网有一定的蓄热能力，供热量大时将多余热量存储起来，在供热量不足时将热量释放出来，以更好地满足用户的用热需求。

发达国家较早以大型热水蓄热罐作为蓄热装置，主要用于民用供热系统。早在2004年，Khan等人就对热电联产与热能存储技术耦合的技术及经济可行性进行了研究，通过计算投资成本、运营及维护成本、收入和储蓄，对热电联产与热能存储技术耦合系统进行了经济评估。研究结果表明，在用热高峰期，蓄热槽的使用可以使高峰负荷减少约23%，节能约21%，这表明与单独的热电联产系统相比，蓄热技术与热电联产耦合系统更加经济。Lund等人运用计算机软件Energy Pro，对立陶宛的一个蓄热技术与热电联产耦合的热电厂进行了优化研究。研究结果表明，与热电分产相比，热电联产系统可以减少50%～70%的能源消耗和温室气体排放量。Verda等人研究了区域热网中应用蓄热装置对一次能源的节约效果。通过对蓄热槽建立一维模型，并利用CFD软件对蓄热槽二维模型进行模拟，预测了蓄热槽一次能源消耗情况及其经济性。研究结果表明，应用蓄热装置最多可以减少12%的一次能源的消耗以及5%的总成本。研究还表明，随着热电厂热需求所占百分比的增加，节能效果会更加明显，通过将白天产生的一部分热量转移到晚上，可以增加其经济性。Nuytten等人还对区域供热系统中蓄热技术与热电联产耦合系统的灵活性进行了探讨，建立了一个可以计算蓄热装置和热电联产耦合系统的理论最大灵活性的模型，分别讨论了集中蓄热装置和分布式蓄热装置对于系统的影响。研究结果表明，分布式蓄热装置的灵活性仅是集中蓄热的一部分，任何一个蓄热槽的蓄热量不足都会使当地热电联产机组启动运行，极大地影响系统的灵活性。此外还分析确认热电联产机组的容量对于系统灵活性影响不大，而蓄热槽的容量对于系统灵活性具有近乎线性的影响。

相比较而言，国内对于蓄热装置在集中供热系统中的研究起步较晚。2005 年张殿军等人对蓄热器在区域供热系统中的应用做了初步的介绍，提出利用蓄热装置存储多余热量，在热负荷要求大的时候释放热量，可以最大限度地发挥热电联产以及最经济热源的优势，降低供热系统的运营成本，这为蓄热器在中国供热系统中的应用奠定了基础。2010 年，北京工业大学王维对我国首个引入热水蓄热器的集中供热系统进行了详细论述，通过建立数学模型对蓄热器放热过程的内部流场分布进行了模拟，分析影响蓄热器运行稳定性的因素。研究发现，增加蓄热器入口的流通面积、降低蓄热器入口流速可以使蓄热器运行更加稳定。董燕京详细介绍了热水蓄热系统的基本组成及各个子系统的作用和原理，以北京联网供热系统为例，分析了热水蓄热器在多热源联网供热系统中的作用，提出热水蓄热器可以提高能源利用率，平衡热负荷并提高供热系统的灵活性，降低供热成本，提高热网系统的安全运行水平。吕泉等人对配置蓄热装置前后热电机组的电热运行外特性进行了分析和建模。研究表明，配置蓄热装置可以明显提高中国“三北”地区供热机组的调峰能力，但并非蓄热能力越大调峰能力越强。研究发现，蓄热装置所提高的调峰容量存在上限，同时蓄热效果受到机组所承担的热负荷水平的影响，机组所承担的热负荷越接近其最大供热能力，蓄热装置提高调峰能力的效果越弱。2016 年，哈尔滨工业大学的柳文洁对热水蓄热槽的热特性进行了相关研究，利用 SolidWorks、ICEM、Fluent 等相关软件建立模型，数值模拟了放热过程中蓄热槽内部流场和温度场。研究发现，蓄热槽的形状、布水器开口的流速及进出口水温差对热水蓄热槽的热特性有较大影响。作者利用遗传算法对设置在热电联产电厂中的热水蓄热槽容量进行了优化，得出合理选择热水蓄热槽容量对于有效节约一次能源消耗，提高机组运行效率，减少机组负荷波动具有明显作用的结论。

与热水蓄热槽研究相比，相变蓄热应用于集中供暖系统中的研究相对较少。Nuytten 等人研究了不同相变蓄热材料及封装结构对微型热电联产系统的影响。研究表明，使用两种相变蓄热方式装置的性能均高于纯水蓄热装置，且胶囊封装比宏观管封装的热性能更好。Mongibello 等人对住宅微型热电联产中两种不同蓄热系统进行了分析，对比了显热蓄热（水作为蓄热介质）和潜热蓄热（三水醋酸钠作为蓄热介质）的技术和成本。研究结果表明，由于相变材料的储能密度更高，潜热蓄热系统的水箱容积约为纯水蓄热水箱的 30%，并且潜热蓄热系统的组件总成本较低。张继皇等人对相变蓄热技术与其他供暖技术进行了对比分析，并介绍了国内首个采用相变蓄热的大型谷电蓄热供暖的案例，提出从初期投资和运行成本的角度，相变蓄热供暖技术比其他常见供热方式都更具有优势。张婷对分布式蓄热罐与热网的连接方式及其优缺点进行了探讨，并分析了影响分布式蓄热罐节能潜力的外在因素。研究表明，对于同种负荷类型的换热站，不同换热站规模对于蓄热罐节能潜力几乎相似，且其对应的最大蓄热容量与换热站规模近似成正比。相虎昌等人以天津市某实际工程为案例，介绍了相变蓄热在供热系统中的应用，并对该供热系统与燃气锅炉供热系统的运行费用进行了对比分析。结果表明该系统运行费用仅为燃气锅炉系统的 84.5%。钟声远等人以分布式相变蓄热站的年收益为优化目标，在考虑蓄热约束、供热约束和联合供热约束的条件下，对基于城市功能区划分的分布式相变蓄热站进行了经济性分析。研究结果表明，相变蓄热站年收益与区域热负荷特性相关，容量越趋近最大热负荷，年收益增长越慢，且相变蓄热站最经济的容量出现在整个供暖期延时热负荷占比大于 5%的负荷区间。吴琪珑等人制备了一套与太阳能供热系统联用的低温相变蓄热装置，并通过实验研究其蓄放热性能，对该装置在太阳能供热系统的应用进行了可行性分析。研究发现，热源温度越高，越有利于蓄热装置的蓄热过程，蓄热效率越高；蓄热装置循环蓄放性能较好，可以满足较长时间段房间的用热需求。

2 低谷电蓄能空调技术

建筑低谷电蓄能技术就是利用蓄能设备在空调系统不需要能量或用能量小的时间内将能量储存起来，在空调系统需求量大的时间将这部分能量释放出来。建筑低谷电蓄能技术分为蓄冷空调技术和蓄热空调技术两类，其中蓄冷空调技术又分为冰蓄冷空调技术和水蓄冷空调技术。这一章将介绍冰蓄冷空调技术、水蓄冷空调技术和水蓄热空调技术。

2.1 冰蓄冷空调技术

2.1.1 冰蓄冷空调技术发展简述

早在几千年前，我国《诗经》中就有"凿冰冲冲，纳于凌阴"的记载，当时还没有机械制冷，我们的祖先利用大自然的造化将冬天的冰储存起来到夏天使用，这应该是最古老的蓄冰工程了。

1）国外冰蓄冷空调技术的发展

国外利用机械制冷机的蓄能空调最早出现在20世纪30年代的教堂中。教堂平时人员少、负荷需求少，而礼拜日人员多、负荷需求大，受制造工艺所限，当时制冷机的制冷容量均较小，因此平日制冷并蓄冰，到礼拜日制冷机和融冰同时使用以满足供冷需求。这充分体现了蓄能系统的优点，即可减少设备容量并提高设备的使用率。之后类似技术与设备主要应用于剧院和乳品厂等负荷集中、间歇供冷的场所。随着机械制造业的进步，蓄冷技术的发展很快停滞下来。

20世纪70年代中期，世界范围内的能源危机出现，蓄冷技术的发展得到了新的、更强大的推动力。美国南加利福尼亚爱迪生电力公司于1978年率先制定分时计费的电费结构，1979年编写并出版了《建筑物非峰值期降温导则》，1981年后推广应用蓄冷技术，并颁布相关的奖励措施。到90年代，美国已有40多家电力公司制定了分时计费电价，从事蓄冷系统开发及冰蓄冷专用制冷机开发的公司也多达数十家。

从20世纪60年代开始使用冰蓄冷技术，目前欧美经济发达国家60%以上的建筑物已经使用了冰蓄冷技术。日本的国土面积只有37万km^2，其使用冰蓄冷系统的建筑物大约已有10万栋以上。韩国也已在1999年立法规定3000m^2以上的新建建筑物必须配有冰蓄冷系统。

2）国内冰蓄冷空调技术的发展

我国在1994年电力部郑州会议上，正式将冰蓄冷技术列为十大节能措施之一，当年在深圳电子大厦建成第一个冰蓄冷空调系统。2007年12月，冰蓄冷技术被国务院《中国的能源状况与政策（白皮书）》列为节能减排三大支撑技术之一；2008年3月被列为国家级重点支持高新技术。我国政府为鼓励蓄冰空调节能技术的发展，未来会进一步拉大峰谷电价差。如在全国部分地区已出台强制性管理政策，要求3万 m^2 以上的新增建筑必须有蓄冰系统，而且对于蓄冰用户有取消电力增容费、财政补贴等优惠政策。

从20世纪90年代初，我国开始建造水蓄冷和冰蓄冷空调系统，至今已有建成投入运行和正在施工的工程几千项。

2.1.2 冰蓄冷空调技术的原理及意义

1）冰蓄冷空调技术的概念

冰蓄冷空调技术是指建筑物空调时间所需要冷量的部分或全部在非空调时间利用蓄冰介质的显热及潜热迁移等特性，将能量以冰的形式蓄存起来，然后根据空调负荷要求释放这些冷量，这样在用电高峰时期就可以少开甚至不开主机。

2）冰蓄冷空调技术的意义

当空调使用时间与非空调使用时间和电网高峰与低谷同步时，就可以将电网高峰时间的空调用电量转移至电网低谷时使用，达到节约电费的目的。

(1) 在一般大楼中，空调系统用电量占总耗电量的35%～65%，而制冷主机的电耗在空调系统中又占65%～75%。在常规空调设计中，冷水主机及辅助设备容量均按尖峰负荷来选配，因此空调设备在绝大部分情况下均处于部分负荷状态运行，很不经济。采用冰蓄冷技术可以很好地解决这个问题。

(2) 空调负荷的分布在一年之内极不均衡，尖峰负荷约占总运行时间的6%～8%。如果设计中能选择与实际冷负荷相匹配的制冷机，而且让其在绝大多数情况下高效运行，这对空调系统节能是十分有利的。

2.1.3 冰蓄冷空调技术的特点

1）优点

(1) 平衡电网峰谷荷，减缓电厂和输配电设施的建设和投资。

(2) 减小空调用户制冷主机容量，减少空调系统电力增容费和供配电设施费。

(3) 利用电网峰谷荷电力差价，降低空调运行费用。

(4) 冷冻水温度可降到1～4℃，可实现大温差、低温送风空调，节省水、风输送系统的投资和能耗。

(5) 相对湿度较低，空调品质提高，可防止出现中央空调综合征。

(6) 具有应急冷源，空调使用可靠性提高。

(7) 冷量对全年负荷的适应性好，能量利用率高。

2）缺点

(1) 通常在不计电力增容费的前提下，一次性投资较大。

（2）蓄冷时由于制冷主机的蒸发温度较低，效率有所下降。

（3）尽管由于制冷设备的减小可以减小空调机房面积，但要增加放置蓄冰设备的地方。

2.1.4　冰蓄冷空调技术的适用条件

在执行峰谷电价且峰谷电价差较大的地区，具有下列条件之一，经济技术比较合理时，宜采用冰蓄冷空调系统：

（1）建筑物的冷负荷具有显著的不均衡性，低谷电期间有条件利用闲置设备进行制冷。

（2）逐时负荷的峰谷差悬殊，使用常规空调系统会导致装机容量过大，且经常处于部分负荷下运行。

（3）空调负荷高峰与电网高峰时段重合，且在电网低谷时段空调负荷较小。

（4）有避峰限电要求或必须设置应急冷源的场所。

（5）采用大温差低温供水或低温送风的空调工程。

（6）采用区域集中供冷的空调工程。

（7）在新建或改建项目中，需具有放置蓄冰装置的空间。

2.1.5　冰蓄冷空调设备的分类

1）直接蒸发制冰

（1）金属盘管外融冰式；

（2）片冰机、管冰机、板冰机等机械制冰；

（3）冰晶式。

2）间接蒸发制冰

（1）不完全冻结式：金属（蛇形）盘管、导热塑料管。

（2）完全冻结式：如螺旋状塑料盘管、U型塑料管。

（3）容器式：如冰球、冰板、冰管等。

3）不完全冻结式蓄冰设备

（1）镀锌钢制蓄冰盘管（图2.1.1）技术特点

① 优点：焊接完成后整体热镀锌，具有足够的结构强度，可实现多层排布安装，将有限的空间高效利用；在同样换热面积的条件下，结冰速度和融冰速度优于其他材质的蓄冰盘管，在相同蓄冰量时，所占体积最小；管径较大，乙二醇溶液使用量小，融冰速率均匀。

图2.1.1　镀锌钢制蓄冰盘管

② 缺点：结冰冰层较厚，管道会受乙二醇溶液腐蚀，对乙二醇品质要求较高，且设备较重，安装需要吊装设备。

(2) 塑料蓄冰盘管（图 2.1.2）技术特点

① 优点：防腐性能好，乙二醇品质要求低，盘管可分散组装，安装轻便灵活。

② 缺点：管径小，容易阻塞，融冰效率较低，金属接头（多为不锈钢）与塑料的膨胀系数不一样，接头容易胀裂，塑料盘管结冰后会变形，容易形成千年冰，塑料盘管容易疲劳破裂，传热系数较小，需要换热面积大，冰槽占地面积要求较大。

(3) 导热复合蓄冰盘管（图 2.1.3）技术特点

① 优点：防腐性能好，乙二醇品质要求低，盘管可分散组装，安装轻便灵活；接头与管材材质相同，接头一次性成型，安全性能提高；传热系数接近冰，需要换热面积大于金属盘管而小于塑料盘管，冰槽占地面积较小。

② 缺点：盘管支管与主集管热熔焊接，焊接水平要求高，焊口易渗漏。

图 2.1.2 塑料蓄冰盘管

图 2.1.3 导热复合蓄冰盘管

2.1.6 冰蓄冷空调系统的配置

1) 冰蓄冷空调系统配置模式

冰蓄冷空调系统有全量蓄冰系统和分量蓄冰系统两种形式。全量蓄冰是利用谷段电力储存足够的冰量，在白天非电力谷段融冰释冷以承担全部的空调负荷；分量蓄冰是利用谷段电力储存一定冰量以承担白天非电力谷段的部分空调负荷，而其余部分的空调负荷则由制冷主机提供。

全量蓄冰具有明显的移峰填谷效果，但是这种模式所配置的蓄冷设备和制冷主机容量均比分量蓄冰的大，系统的初投资较大。所以在一般情况下，分量蓄冰的经济性比较好，它比全量蓄冰有更广泛的适用性。

冰蓄冷空调系统的主要组成部分包括制冷系统、蓄冰装置和空调设备。对于分量蓄冰系统而言，根据冷水机组和蓄冰装置在系统中的连接方式的不同，有所谓的并联和串联系统两大类，后者按冷水机组和蓄冰装置的相对位置关系又分为主机上游和蓄冰装置上游两种形式。主机上游的串联系统，回水先流经冷水机组，使机组能在较高的蒸发温度下运行，因此主机的能耗较低。目前通常采用主机上游串联布置方式，如

图 2.1.4 所示。

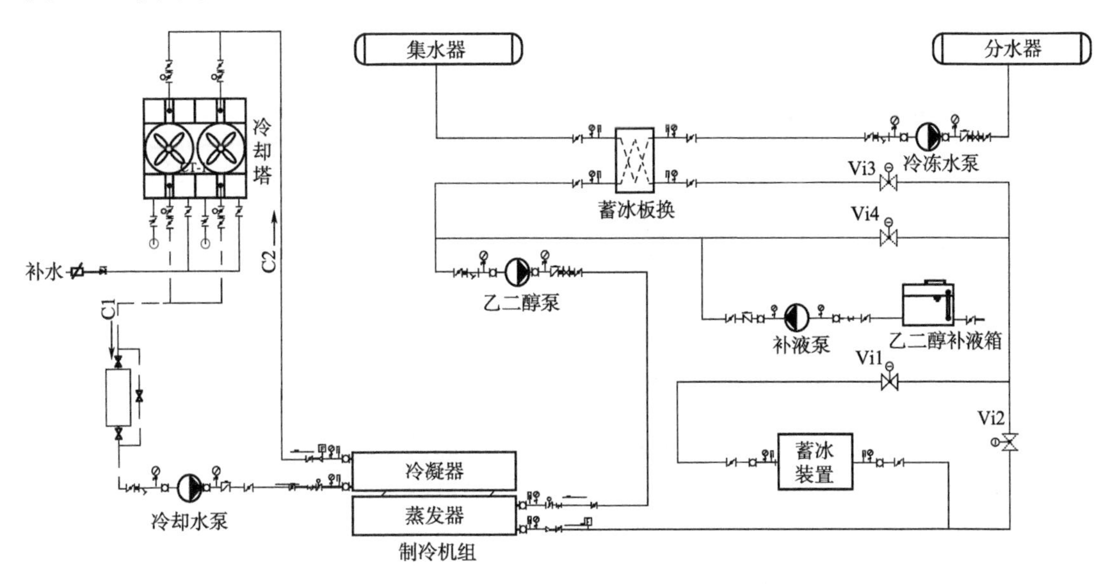

图 2.1.4 主机上游串联蓄冰系统流程图

(1) 主机串联上游系统流程特点

① 乙二醇系统供水温度低，根据要求可以提供 2～4℃的低温乙二醇。

② 制冷主机效率高，较并联流程提高 3%～4.5%，较主机串联下游流程提高 9%左右。

③ 乙二醇侧大温差设计，较并联流程减小了乙二醇泵、管路及附件规格。

④ 系统乙二醇填充量约为冰球或冰板系统的 1/4。

⑤ 系统控制简单，可以轻松实现各种工况切换及根据负荷情况选择主机优先或融冰优先的控制模式。

⑥ 系统运行能耗低。

⑦ 系统流程更简单、布置紧凑，简化施工及维护管理。

(2) 机组和蓄冰设备的容量确定

确定了系统的布置及工作模式以后，可根据夏季空调设计日最高冷负荷、全日冷负荷分布及总冷负荷量，以及白天、夜间的操作情况，按以下各式来确定最佳的双工况制冷机组空调制冷量 Q_o 及蓄冰设备的蓄冰量 Q_{ice}。

机组空调工况制冷量

$$Q_{OC}=Q/(H_d+CCR \cdot H_n) \quad \text{(主机优先)} \tag{2.1-1}$$

$$Q_{OI}=Q_{max.} \cdot H_d/(H_d+CCR \cdot H_n) \quad \text{(融冰优先)} \tag{2.1-2}$$

蓄冰量

$$Q_{ice}=Q_o \cdot CCR \cdot H_n \tag{2.1-3}$$

式中 Q——设计日总冷负荷，kWh；

H_d——白天空调用压缩机运行时间，h；

H_n——晚间制冰用压缩机运行时间，h；

Q_{max}——设计日最高峰负荷，kW；

CCR——制冷机组制冰工况容量与空调工况容量之比。

2）系统控制策略及特点

分量蓄冰系统的控制比较复杂，除了保证蓄冰工况与供冷工况之间的转换操作以及空调供水温度控制以外，主要应解决制冷主机和蓄冰设备之间的供冷负荷分配问题，即充分利用蓄冰系统节省运行费用。常用的控制策略有三种，即主机优先、融冰优先和优化控制。

（1）制冷主机优先控制特点

① 主机满负荷运行，冷量不足由融冰补充。

② 在部分负荷时，主机出水温度下降，效率降低。

③ 随着建筑物负荷的降低，蓄冰设备的使用率也会降低，无法有效削减峰值用电以节约运行费用。

④ 控制简单，运行可靠。

制冷主机优先控制原理，如图 2.1.5 所示。

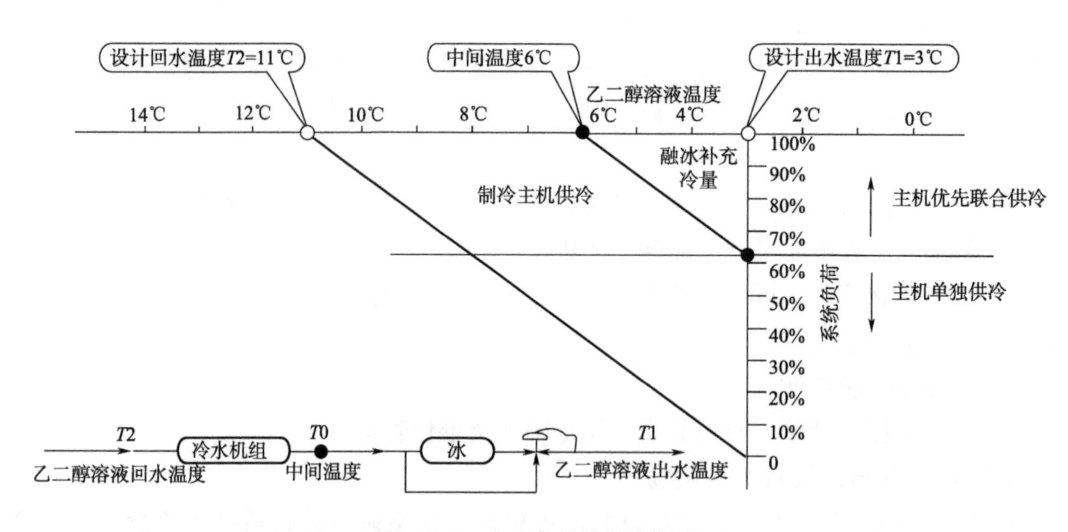

图 2.1.5　主机优先控制原理图

（2）融冰优先控制特点

① 蓄冰设备按要求提供冷量，冷量不足由主机补充，主机经常运行在部分负荷下。

② 主机出水温度设定较高，效率较高。

③ 随着建筑物负荷的降低，蓄冰设备的使用率可得到保证，有效削减峰值用电而节约运行费用。

④ 控制较主机优先复杂，如果解决不好释冷量在时间上的分配问题，可能造成某些时间段总的供冷能力不足。

融冰优先控制原理，如图 2.1.6 所示。

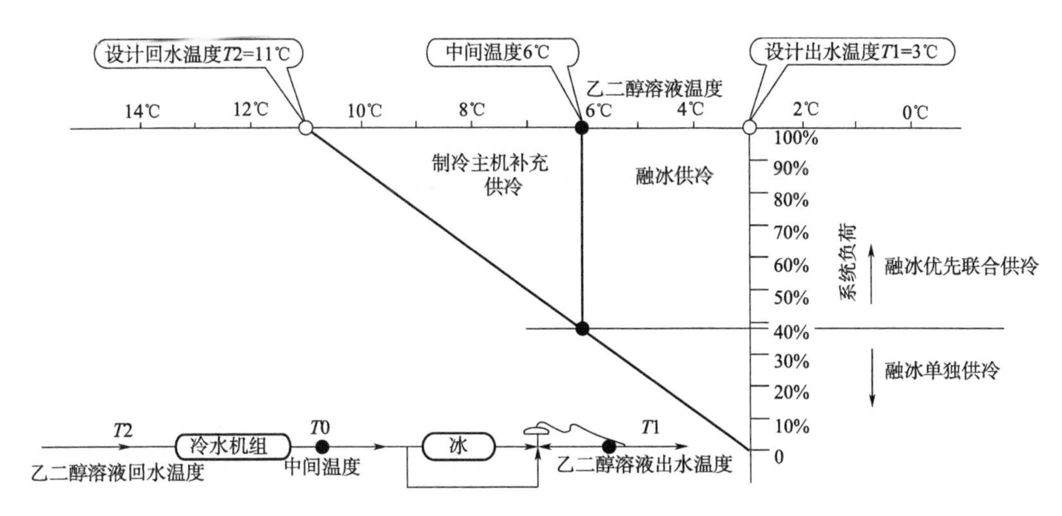

图 2.1.6 融冰优先控制原理图

3）优化控制的特点

优化控制是根据以往的负荷情况、运行情况、次日的气候情况预测出次日的负荷，并根据预测负荷及系统约束条件对次日的运行方案进行优化，输出次日各时刻的运行工况，包括制冷机的开启台数、蓄能水泵的开启台数以及主机的设定（运行工况及温度设定）。

优化控制主要包括的约束条件：

① 每个时刻空调系统所需要的总负荷等于能源设备提供的负荷与蓄能设备提供的负荷之和；

② 能源设备提供的负荷必须小于等于能源设备所能提供的最大负荷；

③ 为保证能源设备高效率运行，每台能源设备所提供的负荷不小于能源设备额定负荷的 50%；

④ 蓄能设备所提供的负荷不得大于蓄能设备的最大蓄能能力；

⑤ 能源设备（制冷机、电锅炉）开启台数不得超过总的能源设备台数；

⑥ 蓄能水泵的开启台数等于能源设备的开启台数；

⑦ 应将放能尽量用在电价高峰时段；

⑧ 应保证放能的合理分配，既要保证满足负荷要求，又要尽量将储存能量全部放出；

⑨ 考虑制冷机出口温度对盘管融冰速率的影响；

⑩ 考虑系统流量对蓄能速率的影响；

⑪ 考虑蓄能设备出口温度设定对蓄能设备放能速率的影响；

⑫ 在保证负荷要求的情况下，尽量不要在用电低谷时段放能。

优化控制可使冰蓄冷系统最大限度地发挥作用，尽可能地减少电负荷高峰期的用电，节省电费。

2.1.7 冰蓄冷空调机房设计要点

1）双工况制冷主机（制冰和空调两种运行工况）

（1）当冰蓄冷系统制冷主机为 2 台以上（含 2 台）时，主机蒸发器出口需设电动开关阀。

（2）主机蒸发器进出口宜设旁通电动开关阀。

（3）主机蒸发器承压一般 1.0MPa，冷凝器承压需根据冷却塔放置位置进行计算。一般承压值在 1.6MPa 左右时将水泵设为抽吸式，以避免主机承压跳档至 2.5MPa。

（4）主机蒸发器与乙二醇泵可以一对一连接，也可总管连接。若总管连接主机蒸发器出口需设电动开关阀。

（5）主机冷凝器一般与冷却水泵一对一连接，若采用总管连接，主机冷凝器出口需设电动开关阀。

（6）主机蒸发器、冷凝器进口最低处需设 DN25 排污阀。

2）制冷板式换热器

（1）板换的承压根据末端楼高及水泵扬程进行核算。当承压值接近 1.6MPa 时，水泵一般设置为抽吸式，以避免板换承压跳档至 2.5MPa。

（2）板换换热量按尖峰负荷减去基载主机制冷量选取，设备数量一般设置 2 台以上，具有一定的备用性。

（3）板换两侧进口最低点应设 DN25 排污阀。

（4）当系统比较大，乙二醇侧主管管径过大时，可将板换进口主管电动阀设置到每台板换乙二醇侧入口，降低单个电动阀口径，提高调节性能；当板换台数比较多时，板换冷冻水侧也应设电动阀，以避免小负荷小流量时层流影响换热。

3）蓄冰设备

（1）蓄冰设备上方人孔处设 DN25 自来水管配阀，给水箱补水。下设 DN40 排污阀。

（2）蓄冰设备支管接管应弯管后水平接入总管，盘管尽量不要走在盘管接管的正上方。

（3）蓄冰设备有整体式、整个槽体芯子拼装式和圆盘管。整体式需要考虑吊装孔尺寸、承重和高度空间；整个槽体芯子拼装式需要考虑槽体安装空间，加强筋形式（内或外），保温形式以及承重等；圆盘管如果是双层盘管需要考虑内管接管及检修空间，上层盘管安装就位需预留侧板位置。

4）水泵

（1）乙二醇泵流量通过板式换热器的换热量计算，主机空调工况制冷量按 5℃温差进行核算，如果不匹配，通过调整板式换热器的进出口温度进行匹配，乙二醇泵扬程按设计日主机和蓄冰槽联合供冷工况最不利环路进行计算。单级乙二醇泵应调变频控制。

（2）冷冻水泵流量按板式换热器的换热量及供回水温差进行计算。冷冻水泵扬程按设计日负荷最不利环路进行计算。

（3）冷却水泵流量计算时换热量需要考虑主机空调工况制冷量、输入功率及冷却水泵功率。冷却水泵扬程计算时需考虑冷却塔塔体扬程。

（4）大型系统需考虑部分负荷时水泵超流过载，一般设置流量平衡阀。

5）冷却塔

（1）冷却塔屋面进出水接管需要与地下室机房进出水管接口对应，不能接反。

（2）设备基础高度一般高出屋面建筑面层800mm，若回水管至管井的水平管长度过长，需核算集水盘水位静压是否能够克服水平管阻力（需保证管内静压）。

（3）冷却塔集水盘之间宜设置平衡管来平衡液位，以避免一边溢流一边补水的状况（或可设置整体集水盘）。

（4）冷却塔进水管上若设置电动开关阀，则出水管上也需要设置，一般通过冷却塔风机的启停来实现节能控制。

（5）当过渡季节或者冬季室外温度过低仍需供冷时，冷却塔需要设置旁通电动开关阀，或热源加热将冷却水温度加热至主机可开启的温度值。

6）定压装置

（1）冷冻水末端定压装置一般采用高位膨胀水箱定压，高位膨胀水箱设置于建筑最高层顶部。当设置高位膨胀水箱有困难时，可采用落地式定压膨胀罐定压，设置于地下室机房。

（2）乙二醇系统定压有三种方式可选：高位膨胀水箱、高低位膨胀水箱和落地式膨胀水箱。当制冷机房上一楼层没有位置可放置膨胀水箱时，可采用高位膨胀水箱定压；当制冷机房上一楼层没有位置，而制冷机房空间比较高时，可采用高低位膨胀水箱定压；以上条件都不具备时，需采用落地式膨胀水箱定压。

7）管道及传感元器件

（1）管道系统的接管需与流程图保持一致。

（2）机房内管道层数最多不超过3层，最好布置为2层，管道布置应尽量减少交叉和上翻下翻。

（3）设备进出口应设置专门的支吊架，避免管道运行重量直接作用在设备上，造成设备的损坏。

（4）乙二醇管道和冷冻水管道要进行防腐和绝热施工，冷却水管道进行防腐施工。

（5）冷却水管道上要设置电子除垢仪或者旁通水处理设备。

（6）冷冻水系统需要设流量传感器进行负荷计算，乙二醇侧采用液位传感器对冰量进行计量，流量计量根据业主要求确定。

（7）有能源管理系统要求的项目必须设置电量计量装置。

（8）冷冻水供回水主管和乙二醇系统设置压力传感器。

（9）蓄冰设备进出口、板换进出口、冷却水回水主管上设置温度传感器。

(10) 室外冷却塔附近设置温湿度传感器。

8) 系统控制

电控系统由电气控制柜、受控设备和系统信息采集用检测仪表三部分组成。

(1) 自动控制功能

控制系统按每天预先编排的时间顺序来控制制冷主机的启停及监视各设备的工作状况，主要功能包括：控制制冷主机启停；制冷主机故障报警；控制乙二醇泵启停；乙二醇泵故障报警；控制冷却水泵和冷冻水泵启停；冷却水泵和冷冻水泵故障报警；控制冷却塔风机启停；冷却塔风机故障报警；冷却水和冷冻水供水温度监测；乙二醇供回水温度监测；蓄冰槽进出口温度监测；末端乙二醇流量监测；室外温湿度监测；空调冷负荷显示；各时段用电量及峰谷电量显示；各种数据统计表格、曲线显示；存冰量记录显示；无人值守运行；各时段用电量及电费自动记录。

(2) 系统控制设计

① 自动控制功能：系统可在监控计算机上操作，系统状态由计算机显示，各统计数据可用打印机打印保存；监控计算机脱机状态下，系统可以由控制柜触摸屏手动控制。

② 优化控制：根据室外温度、天气走势、历史记录，自动选择主机优先或者融冰优先运行方式。自控系统能根据以往的空调负荷曲线和预报的环境温度，决定当天采用哪种运行模式，包括主机优先运行、融冰优先运行、全量融冰运行。

③ 无人值守：系统可脱离上位机操作，根据时间表，自动进行制冰和控制系统运行、工况转换，对系统故障进行自动诊断，并向远方报警。

④ 节假日设定：空调系统根据时间表自动运行，节假日和工作时间表容易设置，对重要场所进行恒温控制和远方设定，特殊日期设定工作或停止。

2.2 水蓄热空调技术

2.2.1 水蓄热空调技术发展简述

水蓄热空调出现在20世纪30年代，其热源设备一般为电锅炉，电锅炉的能效小于95%，蓄能需要消耗大量的电能，运行成本很高，因此其应用在此之后陷入停滞期。20世纪70年代受能源危机的影响，蓄热的基础理论和应用技术研究在发达国家迅速崛起并得到了不断发展。

随着社会的发展和生活水平的提高，我国各地空调用电量出现了较大幅度的增长。相对而言，晚班生产效率较低，而且需要支付额外的夜班工资，因此很多企业逐渐回归白天生产，这导致低谷用电负荷逐年相对下降，城市用电峰谷差日益增大。城市用电高峰期电力供应紧张（电力部门不得不限电），而在低谷时电力过剩。因此，政府大力鼓励在低谷电的时间段用电。

20世纪90年代初期，以电锅炉为核心设备的蓄热空调系统开始发展起来，特别是近几年，国家相继出台了《2017年能源工作指导意见》《关于促进储能技术与产业发展的指导意见（征求意见稿）》《关于促进我国储能技术与产业发展的指导意见》等，水蓄热技术飞速发展，目前国内已经出现了一些大型的采用水蓄热热源技术的中央空调系统工程。

2.2.2 水蓄热空调技术的原理及意义

（1）水蓄热空调原理

电锅炉蓄热供暖系统是以电锅炉为热源，水为热媒，利用峰谷电价差，在供电低谷时，开启电锅炉将水箱的水加热、保温、储存；供电高峰及平电时，关闭电锅炉，用蓄热水箱的热水供热。

（2）水蓄热空调的意义

水蓄热空调系统可以平衡电网峰谷荷差，减轻电厂建设压力；充分利用廉价的低谷电，降低运行费用；运行中“零污染、零排放”，与国家环保战略相契合。

2.2.3 水蓄热空调技术的特点

1）优点

（1）可凭借当地峰谷电优惠电价政策，充分利用夜间低谷电，大量节省运行电费。

（2）自动化程度高，可根据室外温度变化调节热水供水温度，运行合理，节约能源。

（3）运行安全可靠，具有过温、过压、过流、短路、断水、缺相等六重自动保护功能，实现了机电一体化。

（4）无噪声、无污染、占地少（锅炉本体体积小，设备布置紧凑，不需要烟囱和燃料堆放地，锅炉房可建在地下）。

（5）热效率高，运行费用低，可充分利用低谷电。

（6）操作方便，可实现无人值守，节约人工费用。

（7）适用范围广，可满足商场、办公、宾馆、机关、学校、厂房等多种供暖需要。

（8）随着未来电价下降，运行成本会进一步较少，经济效益会更加可观。

2）缺点

（1）电负荷增加。由于利用低谷电供暖，所以电负荷相对于其他供暖方式都要增加。

（2）蓄热装置占用一定的空间。

2.2.4 水蓄热空调技术的适用条件

蓄热式中央空调是在电网低谷时段制备好建筑物供暖（或生活热水）所需热量的部分或全部，以高温水的形式储存起来供电网非低谷时段供暖（或生活热水）使用，达到移峰填谷、节约电费的目的。

在太阳能蓄热式生活热水系统的实际应用中，根据工程情况安装管路，同时，通常考虑将太阳能集热器与电锅炉、燃气锅炉或其他辅助热源并联或串联连接，利用电来加热水的蓄热电锅炉（热水机组）或电热蒸汽锅炉（蒸汽发生器）。这种方式适用于大城市、风景区的宾馆、科研院所、医院、学校、机关等各种需要热水和蒸汽的场所。

2.2.5 水蓄热空调设备的分类

水蓄热空调设备的主要形式有迷宫式、隔膜式、多槽式、温度分层式。其中温度分层式是最常规的设计方法。

1）迷宫式水蓄热设备

迷宫式水蓄热设备采用隔板把水蓄热设备分成很多个单元格，水流按照设计的路线依次流过每个单元格。迷宫法能较好地防止冷热水混合，但在蓄热和放热过程中有一个问题，就是热水从底部进口进入或冷水从顶部进口进入，易因浮力造成混合；另外，水的流速过高会导致扰动及冷热水的混合，流速过低会在单元格中形成死区，降低蓄热系统的容量。迷宫式水蓄热设备如图 2.2.1 所示。

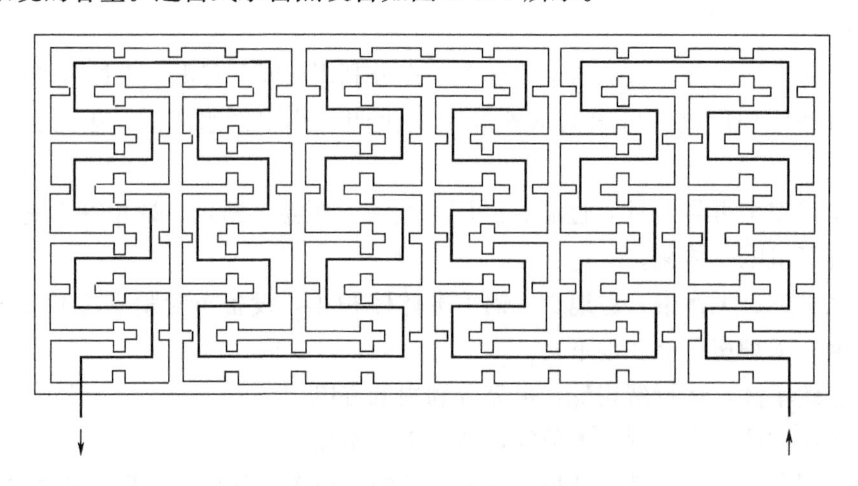

图 2.2.1 迷宫式水蓄热设备

2）隔膜式水蓄热设备

隔膜式水蓄热设备是在蓄水槽内设置一个囊，有效地把冷热水隔离开，保证蓄热和放热效果（随着温度变化，囊热胀冷缩频繁，容易破损，使用寿命短）。隔膜式水蓄热设备如图 2.2.2 所示。

3）多槽式水蓄热设备

多槽式水蓄热设备是将冷水和热水分别储存在不同的槽中，以保证送至负荷侧的热水温度维持不变。多个蓄水槽有不同的连接方式。一种是空罐方式，它保持蓄水槽系统中总有一个槽在蓄热或放热循环开始时是空的。随着蓄热或放热的进行，各槽依次倒空。另一种连接方式是将多个槽串联连接或将一个蓄水槽分隔成几个相互连通的分格。由于所有的罐中均为热水在上、冷水在下，利用水温不同产生的密度差就可防止冷热水混合。多槽系统在运行时，个别蓄水槽可以从系统中分离出来进行检修维护，但系统的管路和控制较复杂，初投资和运行维护费较高。多槽式水蓄热设备如图 2.2.3 所示。

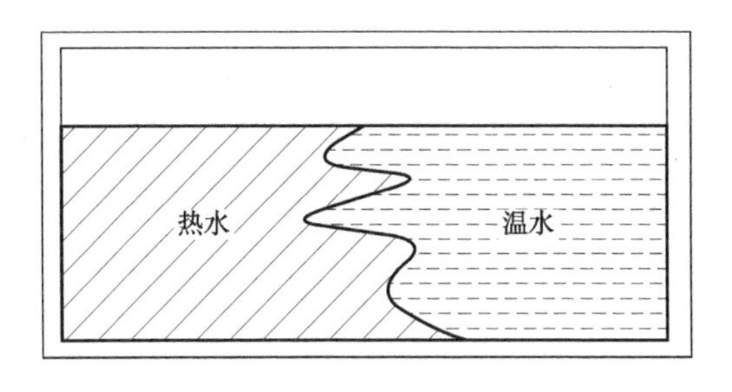

图 2.2.2　隔膜式水蓄热设备

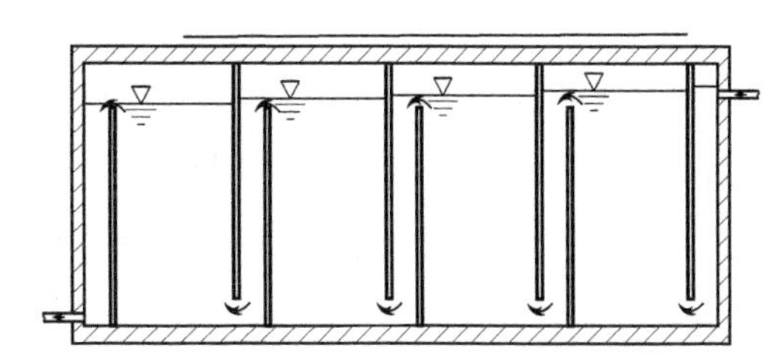

图 2.2.3　多槽式水蓄热设备

4）温度分层式水蓄热设备

在蓄热循环时，制热设备送来的热水由顶部布水器进入蓄热设备，冷水则从底部排出，设备中水量保持不变。在放热循环中，水流动方向相反，热水由顶部送至负荷侧，回流冷水从底部布水器进入蓄水设备。温度自然分层蓄热设备蓄热效率高，投资省，是目前国内外水蓄能领域应用最多的设备。温度分层式水蓄热设备如图 2.2.4 所示。

（1）自然分层的原理

水的密度与其温度密切相关，在水温大于 4℃时，温度升高，密度减小。自然分层就是根据密度大的水会自然聚集在蓄热罐的下部，温度低的冷水聚集在蓄热设备的下部，而温度高的热水自然地聚集在蓄热设备上部的特性，来实现冷热水的自然分层。

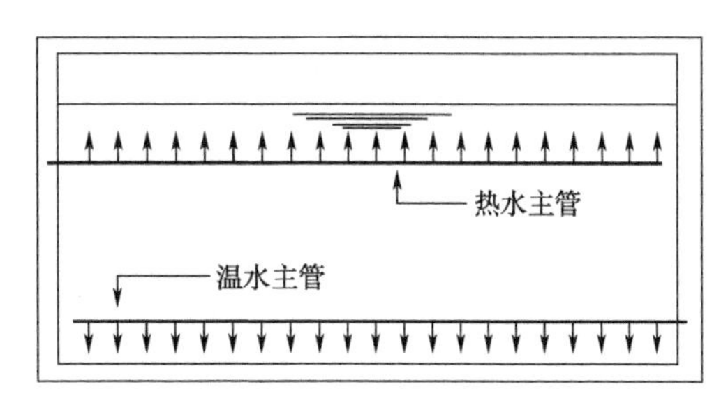

图 2.2.4　温度分层式水蓄热设备

温度分层式水蓄热设备的核心特征是利用温度不同的水的密度不同形成重力自然分层，冷热混合形成的斜温层是冷水区和热水区的分隔层，也是冷水和热水的温度过渡层。明确而稳定的斜温层能防止冷水与热水的混合。自然分层水蓄热设备设置上下两个均匀分配水流的均流器。为了实现自然分层的目的，要求在蓄热和释热过程中，热水始终是从上部均流器平稳流入或流出，而冷水是从下部均流器流入或流出，这样可使紊流程度最小，斜温层不受扰动。

另外，需要在蓄热设备内设置高效布水器（又称稳流器）来控制蓄热设备的内部流动，保证斜温层稳定且厚度尽可能薄。

（2）设备形状分析

最适合自然分层的蓄热设备的形状为直立的平底圆柱体。与立方体或长方体蓄水设备相比，圆柱体在同样的容量下，面积容量比小，蓄热罐的面积容量比最低。蓄热罐的面积容量比越小，热损失就越小，单位热量的基建投资就越低。其他形状的蓄热设备也可以用于自然分层，但必须采取措施防止由侧壁的斜坡或曲面所带来的进口水流的垂直运动。球状蓄热罐的面积容量比最小，但分层效果不佳，实际应用较少。

蓄热罐的高度直径比（长径比）是设计时需要考虑的一个形状参数，一般通过技术经济比较来确定。斜温层的厚度与蓄热罐的尺寸无关，提高高度直径比可降低斜温层在蓄热罐中所占的份额，有利于提高蓄热效率，但在容量相同的情况下会增加蓄热罐的投资。

（3）布水器设计

① 布水器的形式

常用布水器的形式有八角型（图 2.2.5）、H 型（图 2.2.6）、径向盘型和连续槽型等。其中八角型适用于圆柱体蓄水罐，H 型适用于立体蓄水罐。

② 布水器开孔方向说明

在设计中要注意布水器的开口方向，尽量减少进水对罐中水的扰动。通常顶部布水器的开口方向朝上，避免有直接向下冲击斜温层的动量；底部布水器的开口方向朝下，避免有直接向上的动量。布水器管的开口一般为 90°～120°，如图 2.2.7 所示。

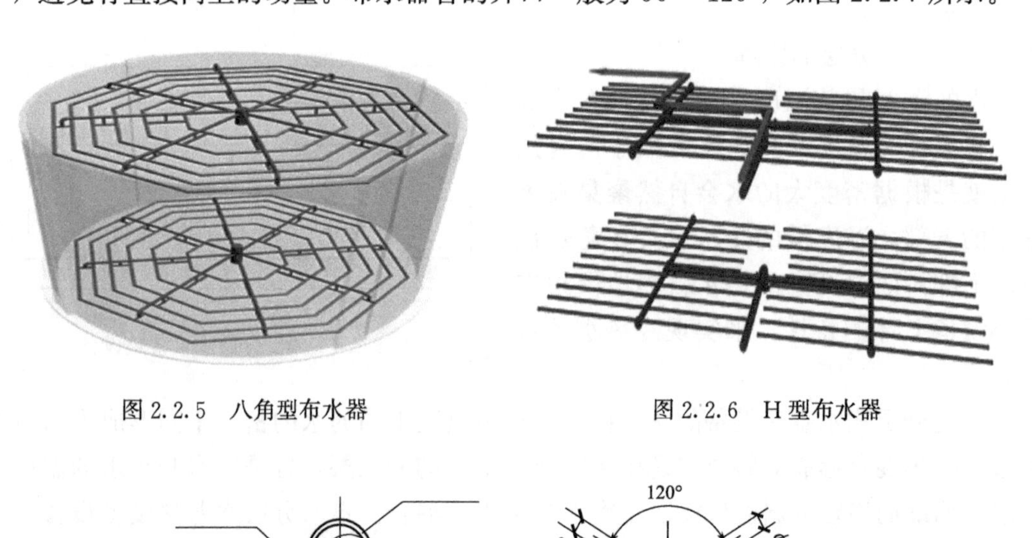

图 2.2.5　八角型布水器

图 2.2.6　H 型布水器

图 2.2.7　布水器管道开孔示意图

2.2.6 水蓄热空调系统的配置模式

1）水蓄热配置模式

水蓄热空调系统有全量蓄热系统和分量蓄热系统两种形式。

（1）全量蓄热

全量蓄热是将电网非低谷时段的空调所需要的负荷全部转移到电网低谷时段。在电网非低谷时段电锅炉停止运行，由蓄热装置提供全部热量。

全量蓄冷模式特点：最大限度地转移非低谷时段的用电量，白天系统的用电容量大大减少；全天由蓄热装置供热，运行成本低；控制简单，运行可靠；蓄热装置、电锅炉及相应设备容量较大；设备占地面积较大；初期投资较高。

（2）分量蓄热

分量蓄热是在使用低谷电的同时使用一部分平电，即低谷时段电锅炉开启运行并蓄热；白天关闭电锅炉，由蓄热水箱中的热水向系统供热，同时使用一部分平电蓄热或供热。

分量蓄热模式特点：转移部分电力高峰期的用电量；运行成本取决于蓄热占比和运行控制；控制相对复杂；蓄热装置、电锅炉及相应设备容量较小；设备占地面积较小；初期投资较低。

对于以电能作为空调供暖热源的系统，一般不得采用电锅炉直供的形式，而采用电锅炉水蓄热系统，且以全量蓄热为好。

2）系统运行与控制策略

自动控制系统通过对电锅炉、水泵、系统管路电动阀进行控制，优化负荷分配，对水泵进行变频控制和对电锅炉进行台数控制，使系统在任何负荷情况下均能达到设计参数并以最可靠的工况运行，保证空调的使用效果。同时在满足末端空调系统要求的前提下，使整个系统达到最经济的运行状态，即系统的运行费用最低。同时降低运行噪声，提高系统的管理效率和降低管理劳动强度。

（1）实现锅炉单蓄热工况、锅炉单独供热工况、热槽单独供热工况、联合供热工况、蓄热兼供热工况五种工况运行模式的自动转换。

（2）实现各工况温度、流量、热量的自动检测、调节和控制。

（3）实现优化控制。根据电价结构，在满足用户使用要求的前提下，最大限度地发挥蓄热装置作用，使用户支付的电费最少。

2.2.7 水蓄热机房设计要点

1）蓄热式电锅炉

蓄热式电锅炉主要有电极式和电阻式两类。

（1）电极式蓄热锅炉

电极式蓄热锅炉加热原理是基于三相中压电流通过设定电导率的炉水释放大量热

能从而产生可加以控制和利用的热水和蒸汽。由于是利用水的电阻性直接进行加热，电能100%转化成热能。

基于电极锅炉加热方式的特殊性，其加热功率的调节主要是通过调节与电极接触水量的大小来实现，即通过改变电极间的电阻来实现。由于水量的调节范围是0～100%，因此电极锅炉的调节范围也是0～100%，可根据用户的实际需要实现无级调节。

(2) 电阻式蓄热锅炉

电阻式锅炉是采用高阻抗管形电热元器件，接通电源后，管形电热元器件产生高热使水成为热水或蒸汽。管形元器件由金属外壳、电热丝和氧化铝组成。锅炉运行中依靠管形元器件的数量来实现负荷调节，调节范围一般为20%～100%。电阻式锅炉受电热元器件结构布置的限制，单体容量较小。

(3) 电极式锅炉与电阻式锅炉比较

① 单体热功率

电极式锅炉单体热功率一般在4～50MW，电阻式锅炉受电热元器件结构布置限制，单体热功率一般小于3MW。

② 安装空间

电极式锅炉一般为立式，16MW以下的本体高度一般超过6.5m，16MW以上的本体高度一般超过8.5m，安装空间需要充分考虑锅炉的本体高度和维修检查空间；电阻式锅炉一般为卧式，高度不会超过3m，正常机房高度就能满足锅炉的安装空间要求。

③ 水质要求

电极式锅炉一般要求使用除盐水，除盐水的导电率（25℃）一般要求小于0.5μs/cm，需要配套纯水设备和加药设备。电阻式锅炉使用软化水，pH值控制在8.5～9.2，硬度不大于0.03mmol/L，需要配置软化水设备。

④ 配电要求

电极式锅炉直接将6～35kA的中等电压进线接入电极锅炉的电极上端，配电室占地面积较小；电阻式锅炉使用的电压等级为380V，业主需要设置变压器等设备，配电室占地面积较大，配电设备投资较高。

⑤ 启动速度

电极式锅炉体积小巧，启动迅速，从冷态启动到满负荷只需要几十分钟，从热态到满负荷只需1min。而常规锅炉的启动时间非常长，冷态启动时，一般需要2h左右，热态一般为15～20min。

⑥ 系统控制

电极式锅炉需要控制10kV强电系统、锅炉配套设备、切换阀门、检测仪表等，系统比较简单；电阻式锅炉需要控制强电系统、变压器系统设备、锅炉配套设备、切换阀门、检测仪表等，增加了变压器系统设备的控制难度，系统比较复杂。

⑦ 锅炉效率

电极式锅炉是利用水的电阻性直接进行加热，电能100%转化成热能；电阻式锅炉是通过管形电热元器件将电能转换成热能，热效率一般超过95%。

（4）电蓄热锅炉选择原则

① 电锅炉热功率总需求量＜4MW，宜选用电阻式蓄热锅炉；

② 电锅炉热功率总需求量≥4MW，宜选用电极式蓄热锅炉；

③ 锅炉房高度不能满足电极式蓄热锅炉安装空间要求的选用电阻式蓄热锅炉；

④ 不具备引入中等电压专线条件的项目，选用电阻式蓄热锅炉。

（5）电蓄热锅炉设计要点

① 当水蓄热系统电锅炉为2台以上（含2台）时，出口需设电动开关阀；

② 电锅炉配套的蓄热水泵设为抽吸式，以避免电锅炉承压跳档；

③ 蓄热水泵与电锅炉可以一对一连接，也可总管连接；若总管连接，电锅炉出口需设电动开关阀；

④ 电锅炉排污阀宜设置双阀，靠近炉体的阀门常开；

⑤ 电锅炉进口最低处需设DN25排污阀。

2）板式换热器

（1）板换的承压根据末端楼高及水泵扬程进行核算。当承压值接近1.6MPa时，水泵一般设置为抽吸式，以避免板换承压跳档至2.5MPa。

（2）板换换热量按尖峰负荷供热量选取，设备数量一般2台以上，具有一定的备用性。

（3）当系统比较大，蓄热侧主管管径过大时，可将板换进口主管电动阀设置到每台板换蓄热侧入口，降低单个电动阀口径，提高调节性能；当板换台数比较多时，板换供暖侧也应设电动阀，以避免小负荷小流量时层流影响换热。

（4）板换两侧进口最低点应设DN25排污阀。

3）蓄热装置

（1）混凝土蓄热装置一般设计成方形槽体。为保证自然分层效果，蓄热槽深度不宜小于4m，槽体做内保温和内防水，内设排污坑和排污泵。

（2）混凝土蓄热装置内布水器一般按H型设计，上布水器采用吊装安装，保温前预留预埋件，下布水器采用混凝土支墩固定，施工中要考虑保温层和防水层的连续性，底板防水层要做混凝土防护垫层。

（3）钢制蓄热装置在空间允许的情况下，一般做成圆柱形（具有结构稳定、容积利用率高的特性），钢制蓄热装置需要设置通气口、溢流口、排污口、补水口、进出水口、自动呼吸阀。为防止空气进入装置，腐蚀铁板，降低设备使用寿命，需要设置一套制氮装置，蓄冷装置上部采取氮封防腐。

（4）为测定蓄热装置的蓄热、释热效果，监测斜温层的厚度，蓄热装置在竖向一般每1m设置一组温度测量装置。

（5）蓄热装置设置一组液位变送器来控制有效液位高度。

（6）蓄热装置为两个以上时，为保证水位平衡，建议中间设置联通管，联通管上设置手动阀门，此阀门平时为常开状态，检修时关闭。

（7）蓄热装置在最低点应设置 DN40 的排污阀。

4）水泵

（1）蓄热水泵流量通过电锅炉的换热量进行计算，蓄热水泵扬程按设计日电锅炉蓄热工况最不利环路进行计算，水泵工频控制。

（2）放热水泵流量通过板式换热器的换热量来进行计算，蓄热水泵扬程按供热工况最不利环路进行计算。单级蓄热水泵应调变频控制。

（3）供暖水泵流量按板式换热器的换热量及供回水温差进行计算。供暖水泵扬程按设计日负荷最不利环路进行计算。

（4）大型系统需考虑部分负荷时水泵超流过载，一般设置流量平衡阀。

（5）水泵的进口最低点应设 DN25 排污阀。

5）管道及传感元器件

（1）管道系统的接管需与流程图保持一致。

（2）机房内管道层数最多不超过 3 层，最好布置为 2 层，管道布置应尽量减少交叉和上翻下翻。

（3）设备进出口应设置专门的支吊架，避免管道运行重量直接作用在设备上，造成设备的损坏。

（4）机房内管道要进行防腐和绝热施工。

（5）供暖水系统需要设热量计量表进行负荷计算。

（6）有能源管理系统要求的项目必须设置电量计量设备。

（7）供暖水供回水主管和蓄热系统设置压力传感器。

（8）蓄热设备进出口、板换进出口设置温度传感器。

6）系统控制

电控系统由电气控制柜、受控设备和系统信息采集用检测仪表三部分组成。

（1）自动控制功能

控制系统按每天预先编排的时间顺序来控制电锅炉的启停及监视各设备的工作状况，主要功能包括：控制电锅炉启停、故障报警；控制蓄热水泵启停、故障报警；控制放热水泵启停、故障报警；控制供暖水泵启停、故障报警；蓄热系统供回水温度监测、压力测定；供暖系统供回水温度检测、压力测定；蓄热槽进出口温度监测；末端蓄热系统流量显示；空调热负荷显示；各时段用电量及峰谷电量显示；各种数据统计表格、曲线显示；蓄热量记录显示；可实现无人值守运行。

（2）系统控制设计

① 自动控制功能

系统可在监控计算机上操作，系统状态由计算机显示，各统计数据可用打印机打印保存；监控计算机脱机状态下，系统可以由控制柜触摸屏手动控制。

② 无人值守

系统可脱离上位机操作，根据时间表，自动进行制热和控制系统运行、工况转换，对系统故障进行自动诊断，并向远方报警。

③ 节假日设定

空调系统根据时间表自动运行，节假日和工作时间表容易设置，对重要场所进行恒温控制和远方设定，特殊日期设定工作或停止。

3 低谷电蓄能装置

低谷电蓄能设备最早出现在 20 世纪 30 年代，兴起于 70 年代，经过近百年的发展，技术已趋近完善和成熟，蓄能设备多种多样。下面重点介绍蓄冰空调设备和蓄热空调设备。

3.1 蓄冰空调设备

蓄冰空调设备是冰蓄冷系统中的能量存储设备，在夜间低谷电时段利用双工况主机将电能转化成热能储存在蓄冰设备内，在系统需要时，通过水泵和板换将蓄冰设备内的热能释放出来供给系统。

3.1.1 蓄冰空调设备的分类

蓄冰空调设备在世界范围内已经应用了几十年，在中国也逐渐普及，目前蓄冰空调设备种类较多，根据其封装形式、融冰形式、使用材料不同，分类如图 3.1.1 所示。

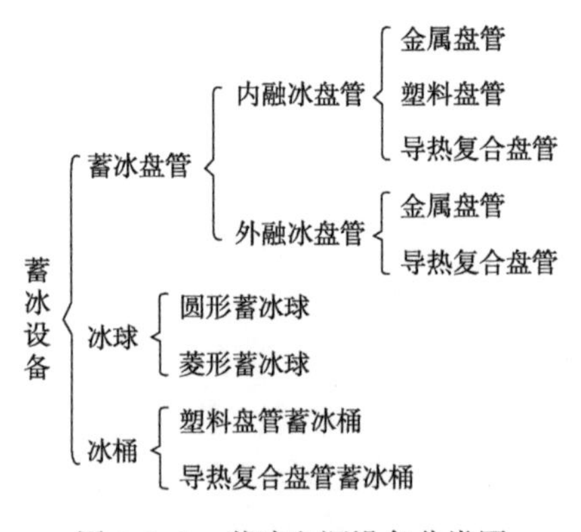

图 3.1.1 蓄冰空调设备分类图

3.1.2 蓄冰盘管

1）蓄冰盘管分类

(1）根据融冰形式分类

蓄冰盘管根据融冰形式分为内融冰盘管和外融冰盘管两类。

① 内融冰盘管

内融冰盘管就是指盘管上的冰由内向外融化。内融冰系统在融冰阶段，由温度较高的乙二醇在盘管里循环并带走冷量供到末端，热的乙二醇封闭在盘管中循环。整个过程不接触到冰，只从盘管带走融冰潜热，乙二醇与冰为间接接触，内融冰系统中蓄冰设备里的水为静态。

内融冰盘管根据融冰形式分为完全冻结式和非完全冻结式两类。

完全冻结式在融冰过程中，冰与盘管之间形成一个水环，随着水环直径的增大，融冰速率下降较快，整个融冰过程如图 3.1.2 所示。

非完全冻结式在融冰过程中，始终保持冰与盘管的接触，保证稳定的融冰速率及稳定的出口温度，整个融冰过程如图 3.1.3 所示。

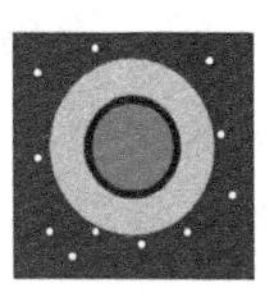

图 3.1.2　完全冻结式融冰示意图

图 3.1.3　非完全冻结式融冰示意图

② 外融冰盘管

外融冰就是指盘管上的冰由外向内融化。外融冰系统在融冰阶段，由温度较高的水从一端进入蓄冰槽内，融化管外的冰来降低水温，从蓄冰槽的另一端流出。

外融冰系统的融冰过程中水与冰为直接接触式，在空气泵的辅助下，其融冰速度极快，换热效果极佳。对于常规的外融冰系统，可长时间提供稳定的 0～1℃的冰水；对于有特殊要求的项目，外融冰系统还可以满足短时间内大负荷的供冷需要。外融冰系统中蓄冰设备里的水为动态。

外融冰系统整个融冰过程，如图 3.1.4 所示。

(2) 根据材质分类

蓄冰盘管根据材质分为金属盘管、塑料盘管、导热复合盘管三类。

图 3.1.4　外融冰示意图

① 金属盘管

金属盘管材质为碳钢，用于非完全冻结式内融冰系统和外融冰系统。

优点：焊接完成后整体热镀锌，具有足够的结构强度，可实现多层排布的安装方式，将有限的空间高效利用；在同样换热面积的条件下，结冰速度和融冰速度优于其他材质的蓄冰盘管，在相同蓄冰量时，所占体积最小；管径较大，乙二醇溶液使用量小，融冰速率均匀。

缺点：结冰冰层较厚，管道会受乙二醇溶液腐蚀，对乙二醇品质要求较高，且设备较重，安装需要吊装设备。

② 塑料盘管

塑料盘管材质为聚乙烯或聚烯烃，多用于非完全冻结式内融冰系统，也可以用于完全冻结式内融冰系统。

优点：防腐性能好，乙二醇品质要求低；盘管可分散组装，安装轻便灵活。

缺点：管径小，容易阻塞；融冰效率较低；金属接头与塑料的膨胀系数不一样，接头容易胀裂；塑料盘管结冰后会变形，容易形成千年冰；塑料盘管容易疲劳破裂，传热系数较小，需要换热面积大，冰槽占地面积要求较大。

③ 导热复合盘管

导热复合盘管材质为聚合物基纳米导热复合材料，多用于内融冰系统，也可以用于外融冰系统。

优点：防腐性能好，乙二醇品质要求低；盘管可分散组装，安装轻便灵活；接头与管材材质相同，接头一次性成型，安全性能提高；传热系数接近冰，需要换热面积大于金属盘管而小于塑料盘管，冰槽占地面积要求较小。

缺点：盘管支管与主集管热熔焊接，焊接水平要求高，焊口易渗漏。

2）蓄冰盘管介绍

(1）镀锌钢制蓄冰盘管

镀锌钢制蓄冰盘管出现于 20 世纪 30 年代，广泛应用于商场、办公、医院、工厂、银行、综合体等各种类型建筑物内，至今全球有 10000 多个成功运行的蓄冰系统，蓄冰装置市场占有率第一。其结构形式如图 3.1.5 所示。

图 3.1.5 镀锌钢制蓄冰盘管结构图

① 镀锌钢制蓄冰盘管综述

镀锌钢制蓄冰盘管为管间距不相等的蛇形圆截面钢盘管结构，蓄冰盘管单管长度可达 133m；蓄冰盘管焊接完成后整体作热浸锌处理，具有良好的防腐性、耐弱酸性；流体在盘管内呈紊流状态，所以换热效率极高；流体流向为交叉逆流循环，各管排间结冰均匀，盘管和盘管间的间隙更大，更有效地保证水平方向不会产生冰桥及过度结冰现象。

② 镀锌钢制蓄冰盘管优势

a. 蓄冰盘管布置专利：内、外融冰均采用变间距蓄冰盘管

变间距盘管是蓄冰的最新技术，用于应对过度制冰，减少冰桥和过度结冰的危险；更好地保证水路通畅，保证融冰过程温度均衡；在保证出水温度的前提下，减小设备体积。

b. 蓄冰设备控制专利：位移冰量传感器

位移冰量传感器根据结冰前后盘管所受浮力不同测量储冰量。这是镀锌钢制蓄冰盘管独有专利。该专利可在采用液面测量冰量失效的情况下，准确测量单个盘管的储冰量，也可在融冰不均匀的情况下，准确测量部分盘管的储冰量。

c. 结构性能优势

圆形钢盘管能耗最小，同等条件下，圆形盘管的压力降最小，可减少乙二醇的扬

程需求。长期使用过程中，系统节电性能卓越。

非完全冻结式如图 3.1.6 所示，取冰率最高，融冰出口温度低且稳定。

融冰速率均衡，在保证融冰出口温度低且稳定的情况下，取冰率可达 100%。

图 3.1.6　非完全冻结式

蛇形钢盘管换热最充分有效。

逆向换热，品字排布，有效单位体积蓄冰量最大。

d. 运行数据优势

优异的融冰和制冰性能可以确保出水温度恒定。

e. 系统应用优势

可完美实现各种蓄冰系统应用。

镀锌钢制内融冰盘管可提供稳定的 2.2～3.3℃融冰出口温度，外融冰盘管可提供恒定的 0～1.1℃低温冷冻水。其中包括但不限于：内、外融冰盘管均可应用于大温差系统，可进一步降低系统其他设备容量，继而降低设备初投资；外融冰盘管广泛应用于大型区域供冷站和低温送风系统；可实现制冷主机上游的串联系统，提高系统运行效率，节省能源；易于实现自动化控制，融冰出口温度低且稳定，选型报告数据准确，可完美匹配自动化控制，保证系统运行可靠；乙二醇用量少。

f. 使用寿命优势

众多结构优势可杜绝过度制冰对盘管造成的伤害，不会发生材质变形破损。

严格控制的高标准制造工艺流程。盘管采用钢带连续卷焊，无对接焊缝，抗静压能力强，并经过多次打压试验，减少盘管实际使用过程中的泄漏隐患。

盘管采用整体热浸锌技术，抗腐蚀能力强，镀锌厚度远高于国际和国内的最高标准。使用寿命 20 年以上，现已拥有众多运行 30 年以上的成功案例。

③ 镀锌钢制蓄冰盘管融冰形式

a. 内融冰盘管

镀锌钢制内融冰盘管因其独特的蛇型钢盘管构造和优异的传热性能，可以有效保证制冰末期形成非完全冻结式。内融冰过程如图 3.1.7 所示。

  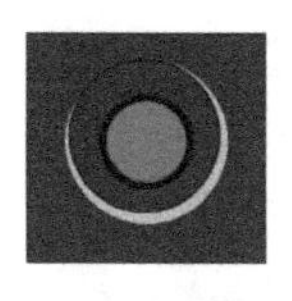 

图 3.1.7　内融冰过程示意图

过程一：在制冰末期，水被冻结成冰层包裹在盘管外壁上，冰层之间留有空隙，仍为 0℃的水，没有冰桥。

过程二：在融冰过程中，随着融冰比例的增加，冰层与盘管之间渐渐形成水环。

过程三：由于是非完全冻结式结构，冰层受到外界水的浮力作用，始终与盘管保持良好的接触。

过程四：当冰融化到20%～30%时，冰层破裂形成温度均衡的0℃冰水混合物。

镀锌钢内融冰设备可提供稳定的3.3℃低温乙二醇，若增加鼓气装置，可提供最低达2.2℃的乙二醇。

b. 外融冰盘管

在空气泵的辅助下，镀锌钢制外融冰盘管融冰速度极快，换热效果极佳，可长时间提供稳定的0～1℃的冰水，对于有特殊要求的项目，外融冰盘管还可以满足短时间内大负荷的供冷需求。外融冰过程如图3.1.8所示。

图3.1.8　外融冰过程示意图

(2) 聚烯烃树脂塑料蓄冰盘管

聚烯烃树脂塑料蓄冰盘管出现于20世纪60年代，广泛应用于商场、办公、医院、工厂、银行、生态园、高校、综合体等各种类型建筑物内，至今全球有上千个成功运行的蓄冰系统，是塑料蓄冰盘管的先导者和领跑者。其结构形式如图3.1.9所示。

聚烯烃树脂塑料蓄冰盘管优势：

a. 全球唯一的专利材质

采用耐高、低温的聚烯烃树脂材料，添加拥有专利技术的添加剂，延缓材料老化，提高材料的韧性，增加材料的传热系数，保障盘管的使用寿命长达40年。

b. 盘管分流专利技术

科学严谨的盘管分流专利技术使得乙二醇溶液在盘管内的流动组织有序，蓄冰与融冰过程可靠且均匀。

c. 独特的U型盘管设计

盘管采用U型排布，最大限度节省蓄冰设备的占地空间，保证蓄冰盘管的良好换热性能，如图3.1.10所示。

图3.1.9　聚烯烃树脂塑料蓄冰盘管结构图

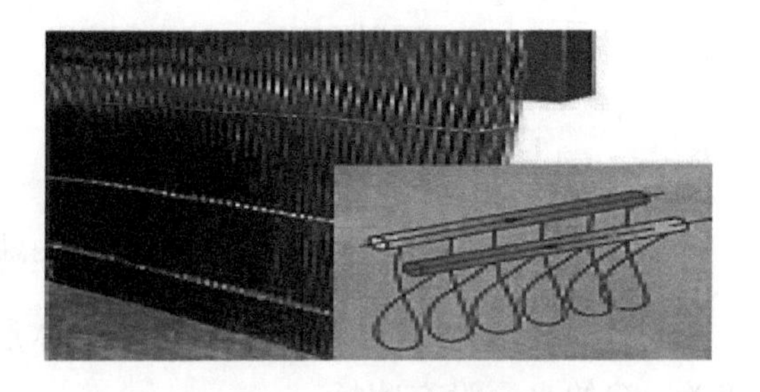

图3.1.10　U型盘管设计图

d. 更可靠、寿命更长

蓄冰盘管采用静态内融冰方式，无运动部件，无内应力，故障率低。由于蓄冰盘管采用聚烯烃材料制成，无因腐蚀性产生泄漏的隐患，使用寿命达 40 年。

e. 科学地描述蓄冰设备的性能

拥有完整的融冰曲线及蓄冰盘管选型计算软件，便于对盘管的蓄冰、融冰性能及过程进行自动控制。

f. 有效解决蓄冰盘管的占地问题

蓄冰系统在推广过程中，往往因蓄冰盘管要求占用大量机房面积或者停车位而带来困扰，尤其是在一些经济较为发达的地区。而聚烯烃树脂塑料蓄冰盘管以其特殊的盘管形式，合理有效地解决了这个问题。它可以放置于建筑物内的基础（垡基或箱基），并根据具体情况选用相应高度的盘管（1.2～3.6m，9 种型号），完全不占用建筑物内的机房面积或者宝贵的停车位，从而解决蓄冰系统推广过程中蓄冰盘管占地面积大这一瓶颈问题。

g. 蓄冰效率高

结冰厚度仅为 10mm，在所有蓄冰盘管中冰层最薄，蓄冰时制冰效率最高。蓄冰效果如图 3.1.11 所示。

h. 蓄冰盘管压降小

蓄冰盘管高度一般为 1.2～3.6m，盘管压降大大小于同类型的其他蓄冰盘管，乙二醇泵的扬程可大幅度降低，约为其他蓄冰盘管的 30%，大大降低水泵的耗电量，系统更节能。

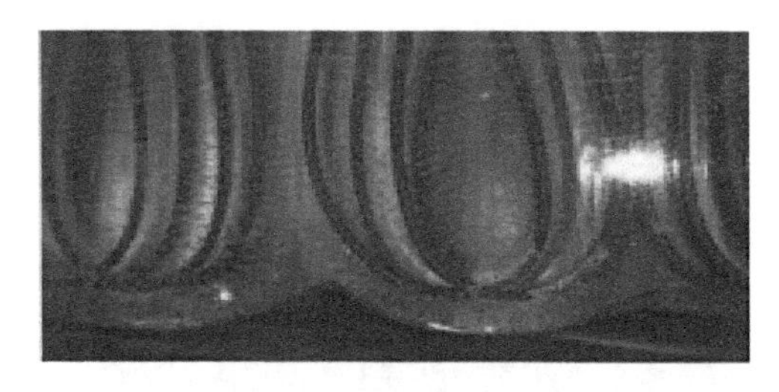

图 3.1.11　蓄冰效果图

i. 为优化控制提供保障

采用冰量传感器输出 4～20mA 电信号，传送到自控系统，为实现蓄冰系统优化运行，最大限度节省运行费用提供可靠保障。

j. 更低的运行费用

蓄冰系统中，制冷主机耗电量占全部系统耗电量的 80%左右，而夜间用于制冰的耗电量为制冷主机耗电量的 65%左右，因此提高制冷主机在夜间的制冰效率成为蓄冰系统降低能耗、进一步节省运行费用的主要手段。

聚烯烃树脂塑料蓄冰盘管在夜间蓄冰过程中，蓄冰温度基本维持在−4℃，制冷主机制冰蒸发温度较高，制冷主机的效率得到提高（蒸发温度每提高 1℃，制冷主机的效率可以提高 3%）。

k. 易于安装

标准蓄冰槽由模块化蓄冰盘管组合而成，在工厂编织组装后置入槽体，运至现场后直接连接管线即可使用，减少现场施工时间和费用，也可解体后现场组装。

l. 乙二醇占量小

蓄冰盘管100%乙二醇溶液用量为0.165kg/kWh，是所有蓄冰盘管中使用量最少的设备。

m. 蓄冰盘管有效换热面积最大

蓄冰盘管由于管径小，排布相对很密，因此单位体积内的换热面积很高，有利于融冰温度的稳定。

n. 占地面积最小

蓄冰槽体的容积率最高，达0.018m^3/kWh，是同类型蓄冰盘管中使用空间最小的设备。

o. 更低的操作和维护费用

无任何运动部件和易腐蚀材料，无因焊接产生泄漏的隐患，运行安全可靠。操作、维护简单，与各类主机维护所需的备件费用相比，维护费用低。

(3) 导热复合蓄冰盘管

导热复合蓄冰盘管出现于20世纪90年代，采用先进的纳米技术，克服了普通塑料蓄冰盘管导热系数低等缺陷，广泛应用于商场、办公、医院、工厂、银行、生态园、高校、综合体等各类型建筑物内，在国内有几百个成功运行的蓄冰系统案例，其结构形式如图3.1.12所示。

导热复合蓄冰盘管优点：

① 材料创新

聚合物基纳米导热复合材料（国家发明专利ZL02 1 12481.7）如图3.1.13所示。

图3.1.12 导热复合蓄冰盘管结构图

图3.1.13 聚合物基纳米导热复合管材

自行研发，比普通塑料导热系数高8～10倍，良好的耐腐蚀性、耐老化性和力学性能。

集换热与蓄能于一身，采用纳米导热复合材料作为换热器主体，既克服了金属换热器易腐蚀的缺点，又克服了普通塑料管导热性能差的缺点。

通过优化设计，在结冰和融冰过程中，接近金属盘管的换热性能，结冰速度和融冰速度均达到了理想状态。

② 结构创新

结构为实用新型专利，蓄冰盘管优化组合，采用同程连接，流量分配均匀；主集管位于蓄冰盘管的顶部，支管与集管热熔焊接，所有焊口都位于盘管上部，便于检查和维护，如图 3.1.14 所示。

图 3.1.14 导热复合蓄冰盘管同程连接示意图

③ 系统应用优势

可完美实现各种蓄冰系统应用。内融冰盘管采用不完全冻结方式，可提供始终稳定的 3～4℃的低温载冷剂或冷冻水，外融冰盘管能提供稳定的低于 1℃的冷冻水，适用于大温差低温送风空调系统和大型区域供冷工程。

④ 蓄冰效率高

冷量换热公式 $$q=K\times F\times \Delta t \tag{3.1-1}$$

式中 K——导热系数，W/(m·K)；

F——换热面积，m^2；

Δt——温度差，K。

影响的主要因素：材料的导热系数、流体特性、流速、换热面积和温度差。

导热复合蓄冰盘管材料的导热系数是塑料盘管的 2～3 倍，接近冰的导热系数，换热面积是金属盘管的 1.5 倍，蓄冰时制冰效率高。

⑤ 更可靠、寿命更长

聚合物基纳米高分子复合材料强度高、韧性好，无须担心结冰过量，换热管内外表面不结垢，阻力、热传导性能始终如初，无腐蚀问题，设备使用更可靠、寿命更长。

⑥ 形式多样、安装空间要求低

产品形式丰富多样，有方形、螺旋形等形式，可以根据安装空间的尺寸和形状来设计合理的产品样式，无特殊安装空间要求。

⑦ 易于安装

标准蓄冰槽由模块化蓄冰盘管组合而成，在工厂编织组装后置入槽体，运至现场后直接连接上管线即可使用，减少现场施工时间和费用，也可解体后现场组装。

3.1.3 冰球

1）综述

冰球为封装式蓄冰设备。冰球球壳由高密度材料（HDPE）制成，内部主要为水，含有少量的空气。与其他蓄冰设备相比，冰球具有材料为单一材料（即便单个冰球破损，也不影响整个系统的使用效果），承压较小，流通阻力小，蓄冰系统维护简单的优点。但其缺点也很明显：冰球系统融冰残冰高，尤其在融冰后期，乙二醇用量较大，通常是盘管系统的6～8倍，投资较高，需要更低的出水温度（一般为－7℃）才能使其冻结，导致冷水机组的效率较低，需要更高的运行费用。

2）冰球介绍

（1）圆形冰球

圆形冰球出现于20世纪30年代，广泛应用于欧洲，目前在全球有近5000个工程实例，其结构形式如图3.1.15所示。

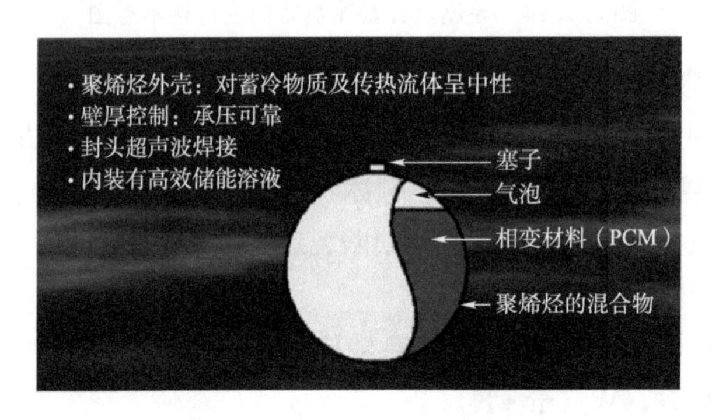

图3.1.15　圆形蓄冰球结构图

① 技术参数

圆形冰球的材质为HDPE，冰球的外径为98mm，每立方米内冰球的填充数量为1225个，换热面积达到36.85m^2，蓄冰量达到16RT·h。

② 产品特点

性能可靠：冰球球壳由同一材料——高密度聚烯烃制成，超声波熔焊密封，无腐蚀、不老化，使用寿命长达50年。

占地空间小：与其他形式的蓄冰设备比较，冰球占地面积最小。并且可充分利用建筑物边角等废弃空间，例如环形坡道及不规则的蓄冰槽等。特别适合既有建筑物的节能改造工程。

技术成熟：应用实践近百年，工程遍布世界。

维护简单：冰球具有高度可靠性，系统正常运行时无需用户日常维护。

融冰速率最快：最快放冷速率可达40%，在实行三段电价（峰、谷、平）地区可实现避峰运行，运行费最省；由于冰球换热面积最大、水阻力最小，因此结冰最快、蓄冰耗电量最省。

（2）菱形冰球

菱形冰球出现于20世纪80年代，在圆形蓄冰球的基础上作了改进，结冰和融冰效率更高，目前在全球有上千个成功运行的工程案例，其结构形式如图3.1.16所示。

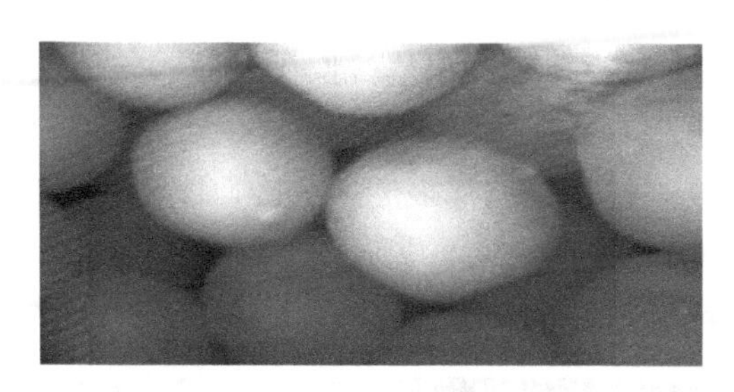

图 3.1.16 菱形蓄冰球结构图

① 技术参数

菱形冰球的材质为 HDPE，冰球的外径为 103mm，每立方米内冰球的填充数量为 980 个，换热面积达到 28.6m^2，蓄冰量达到 14RT·h。

② 产品特点

采用专利设计的菱形冰球，独有的 16 凹面蓄冰球，冰球结冰及融冰均为动态过程，换热效率高。

菱形冰球由高密度 HDPE 材料制成，表面设计有 16 个凹坑，球体直径为 103mm。在结冰过程中，冰球体积膨胀，凹处外凸成平滑圆形球；在融冰过程中，每个冰球又恢复到原来的形状。

由于冰球内部几乎不含空气，单位堆放蓄冰量最大，占用空间较小。

独有专利设计，采用特殊高密度聚乙烯材料制成，破损率极小。

菱形冰球独有凹坑设计，在融冰和制冰过程中有更大的换热表面积，高密度材料使菱形冰球具有极高传热速率，结冰融冰速度快，从而可以使用较少的名义蓄冰量达到需要的额定蓄冰量要求。

乙二醇水溶液在球外，单个球破损不影响整个系统运转，循环系统设计简单，系统扩建容易，蓄冰容量增加方便。

菱形冰球通过在冰球内的水中加入独家开发成核剂，使冰球过冷度降低至 −1.1℃，即当乙二醇溶液入口温度低至 −1.1℃时蓄冰球即可开始结冰。整个蓄冰周期乙二醇溶液进入蓄冰槽平均温度约为 −5.56℃。

采用专利技术的成核添加剂加入到去活性极佳的去离子水中，混合成储冷液，成核添加剂在储冷液中形成胶体悬浮在液体中，由于菱形冰球只含有极少量的空气（2%～3%体积比），因此冰球在乙二醇溶液中在结冰开始很长一段时间内是近似悬浮在乙二醇溶液中，乙二醇溶液的流动使得冰球自由运动，从而扰动冰球内部的成核剂不断与蓄冰球内壁接触，形成微小冰晶后脱离内壁，其余的成核剂可以继续与冰球内壁不断接触，从而在结冰的初始阶段结冰速率比静止在蓄冰槽内的冰球效率要高出 20%以上。

3.1.4 蓄冰桶

1）综述

蓄冰桶为圆桶型蓄冰设备，筒体材质为 Q235B，内部换热器材质为聚乙烯或导热复合管，外部整体发泡保温。优点是整装出厂、便于安装，整体发泡，保温性能好、无冷桥、不结露，无运动部件、无内应力、故障率低；缺点是单路长度很大、流通阻力很大，一旦泄漏，无法修复，整个蓄冰桶报废，放冷速度慢，设计寿命一般低于 20 年。

2）冰桶介绍

（1）塑料盘管蓄冰桶（结构形式如图 3.1.17 所示）。

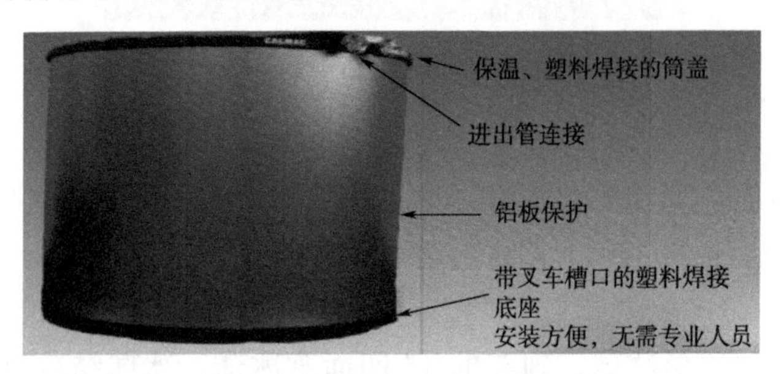

图 3.1.17　塑料盘管蓄冰桶结构图

设备特点：

① 圆筒型蓄冰设备，由工厂整体组装，成品供应，筒体外已做好保温及铝板保护层，只需在现场连接进出管。

② 蓄冰桶内高效率的热交换管及流程的专利逆流设计，可使制冰和融冰快速均匀。

③ 蓄冰冰层薄，厚度仅为 12mm，蓄冰时乙二醇温度无需很低，蓄冰主机效率高，耗电量小，节能特性突出。

④ 换热器材质为导热塑料管，彻底防止内外腐蚀，蓄冰桶内无金属部件与水接触，彻底防止氧化腐蚀。

⑤ 管径 16mm，与主机管束接近，不容易出现堵塞。

⑥ 模块化设计，方便在改造系统中增加一个或者多个蓄冰桶，实现用户中央空调系统的升级换代。

（2）导热复合盘管蓄冰桶（结构形式如图 3.1.18 所示）。

设备特点：

图 3.1.18　导热复合盘管蓄冰桶结构图

① 采用专利自动绕管装置，保证组装质量。

② 蓄冰桶采用整体发泡，保温性能好，无冷桥、不结露，可置于室外等任何场所。融冰方式为完全冻结内融冰方式，无须预留空间作为冷水通道，具有较高的制冰率。

③ 盘管中间无接头，更可靠，管内流动更均匀、顺畅。

④ 故障率低，使用寿命长。蓄冰桶内无运转部件，无内应力，故冰桶故障率低，质保期

20年，设计使用寿命可达50年。

3.1.5 蓄冰设备比较

各种蓄冰设备的比较见表3.1.1。

蓄冰设备比较 表3.1.1

盘管类蓄冰设备	冰球类蓄冰设备	冰桶类蓄冰设备
平均结冰厚度10～25mm，因此制冰温度高，制冰时乙二醇供水温度－6～－5℃，冷水机组运行效率高，节能性好	平均结冰厚度＞50mm，因此制冰温度低，制冰时乙二醇供水温度为－8～－6℃，冷水机组运行效率较低，节能性不如盘管	平均结冰厚度12～18mm，因此制冰温度高，制冰时乙二醇供水温度－6～－5℃，冷水机组运行效率高，节能性好
乙二醇为闭式系统，低温乙二醇不与蓄冰槽接触，蓄冰槽容易保温，施工容易，没有建筑安全问题	乙二醇为开式系统，低温乙二醇溶液与蓄冰槽直接接触，蓄冰槽不易保温，施工困难。乙二醇渗漏时容易破坏土建结构，危及建筑安全	乙二醇为闭式系统，低温乙二醇不与冰桶筒体接触，蓄冰桶容易保温，施工容易，没有建筑安全问题
乙二醇用量少，在同等蓄冰量下，乙二醇用量为冰球的1/5～1/3，因为乙二醇为闭式系统，所以不会蒸发，不需补充	乙二醇用量高，且又因为乙二醇为开式系统，所以会蒸发，在使用一定时期后需要补充。乙二醇蒸发所产生的酸性气体，容易产生空气质量问题	乙二醇用量少，在同等蓄冰量下，乙二醇用量与盘管接近，为冰球的1/5～1/3，因为乙二醇为闭式系统，所以不会蒸发，不需补充
蓄冰槽压降小，乙二醇水流均匀，不存在流动及换热死角	蓄冰槽压降大，乙二醇水流不均匀且不易调整，存在流动及换热死角	蓄冰槽压降大，乙二醇水流均匀，不存在流动及换热死角
融冰时由内向外，冰与水的接触面积不断增加，融冰效率高，可以全程确保设计要求的乙二醇融冰温度	融冰时由外向内，冰与水的接触面积不断减少，融冰速率低，无法全程确保设计要求的乙二醇融冰温度	融冰时由内向外，冰与水的接触面积不断增加，但因单管太长，融冰效率较低，不能全程确保设计要求的乙二醇融冰温度
乙二醇溶液在盘管内循环，不易沉淀	乙二醇溶液在冰球外循环，蓄冰槽容易产生沉淀，乙二醇溶液易形成不均匀状态	乙二醇溶液在冰桶换热管内循环，不易沉淀
既可应用标准槽，又可配合现场情况，设计混凝土槽，充分利用有限空间	为了保证效果，必须使用细长的立式密闭压力槽，否则乙二醇会产生严重的旁通与短路现象，无法正常蓄冰与融冰	一般为标准筒体，对安装现场空间要求高，无法充分利用有效空间
蓄冰量可依据水面高度测量，测量简单	蓄冰量不可依据乙二醇液面高度测量，测量复杂	蓄冰量可依据水面高度测量，测量简单
盘管外结冰，无内应力，盘管使用寿命长，盘管泄漏容易查找和修复，维修简单，维修费用低	塑料球内结冰，胀缩变化产生内应力，球体使用寿命会受一定影响，球体损坏需要更换蓄冰球，维修复杂，维修费用高	盘管外结冰，无内应力，盘管使用寿命长，但是其特殊的结构决定了设备一旦泄漏，无法修复，只能报废更换新的蓄冰桶，维修费用最高
盘管式蓄冰设备内乙二醇溶液流动为有组织流动，盘管蓄冰设备经过精心设计后，具有良好的水力平衡性。无论是制冰工况，还是融冰工况，乙二醇溶液均能随着盘管流到蓄冰槽的各个位置。制冰或融冰时，冰槽内各部位换热程度基本一致，不存在流动或换热的死区，蓄冰槽的有限空间得到充分利用	冰球式蓄冰槽内，乙二醇溶液从进口流入槽内，经过冰球间隙流向出口，槽内流体流动组织性较差，流动和换热均存在不均匀性。在蓄冰槽两侧周围存在死区，蓄冰槽的有限空间不能得到充分利用，融冰时，由外向内融冰效率差，层层相叠，水流不均匀。无法改变制冰和融冰速度，乙二醇在冰球外容易沉淀，乙二醇易成不均匀状态。乙二醇因冰球内有间隙及材质易变化，无法靠液位变化精确测量	冰桶式蓄冰设备内乙二醇溶液流动为有组织流动，冰桶蓄冰设备经过精心设计后，可具有良好的水力平衡性，无论是制冰工况还是融冰工况，乙二醇溶液均能随着换热管流到蓄冰桶的各个位置。制冰或融冰时，冰桶内各部位换热程度基本一致，不存在流动或换热的死区，蓄冰桶的有限空间得到充分利用。单蓄冰桶对布置空间要求较高，空间有效利用率低
结论： 在常用的蓄冰设备中，盘管式蓄冰装置的综合性能优于冰桶式蓄冰设备和冰球式蓄冰设备，在国内冰蓄冷市场占有率达80%以上，是蓄冰系统的首选		

3.2 蓄热空调设备

蓄热空调设备是蓄热系统中的能量存储设备，它在夜间低谷电时段利用电锅炉将电能转化成热能储存在蓄热空调设备内，在系统需要时，通过水泵和板换将蓄热空调设备内的热能释放出来供给系统。

3.2.1 蓄热空调设备的分类

蓄热空调设备在世界范围内已经应用了几十年，在中国也已逐渐普及，特别是随着国家“煤改电”政策的相继出台，蓄热技术得到了飞速发展，目前蓄热空调设备种类较多，根据蓄热介质、蓄热方式等的不同，其分类如图 3.2.1 所示。

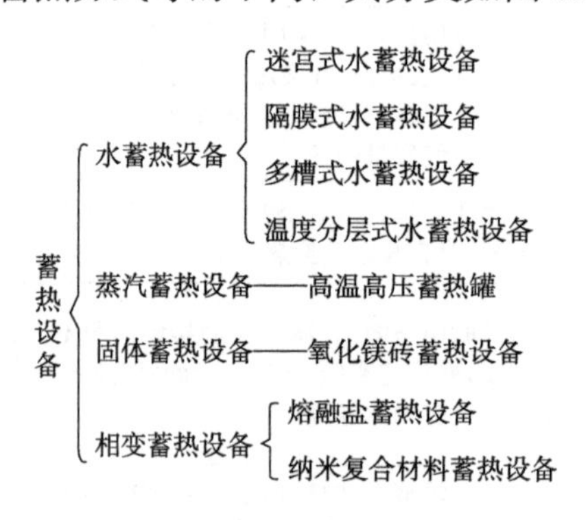

图 3.2.1　蓄热空调设备分类图

3.2.2 水蓄热空调设备

水蓄热空调设备是利用电能将水加热到一定的温度，使热能以显热的形式储存在水中，当需要用热时，将其释放出来满足供暖用热需要。

优点：方式简单，清洁，成本低廉，夏季可兼作蓄冷设备。

缺点：储能密度较低，蓄热设备体积大；释放能源时，水的温度连续变化，若不采用自控技术难以实现稳定的温度控制。

水蓄热空调设备的主要形式：迷宫式、隔膜式、多槽式、温度分层式。其中温度分层式是最常规的设计方法。

1）迷宫式水蓄热设备

迷宫式水蓄热设备采用隔板把水蓄热空调设备分成很多个单元格，水流按照设计的路线依次流过每个单元格。迷宫法能较好地防止冷热水混合，但在蓄热和放热过程中有一个问题，就是热水从底部进口进入或冷水从顶部进口进入，容易因浮力造成不同温度水流的混合；水的流速过高会导致扰动及冷热水的混合，流速过低会在单元格中形成死区，降低蓄热系统的容量。迷宫式水蓄热设备如图 3.2.2 所示。

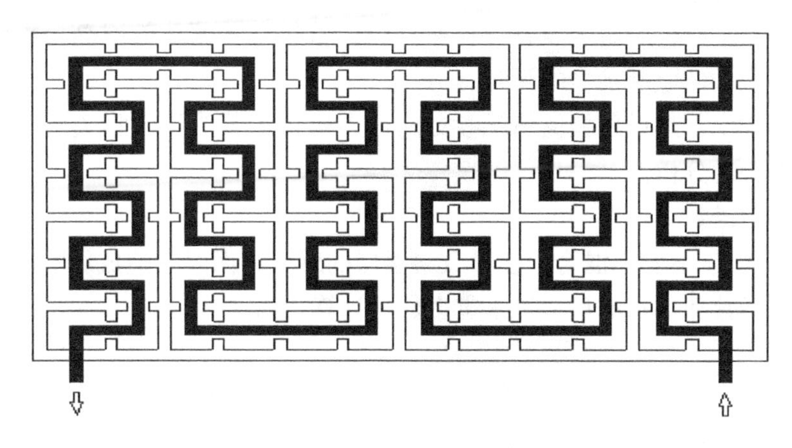

图 3.2.2 迷宫式水蓄热设备

2）隔膜式水蓄热设备

隔膜式水蓄热设备是在蓄水槽内设置一个囊，有效地把冷热水隔离开，保证蓄热和放热效果。隔膜式水蓄热设备中，囊随温度变化而频繁热胀冷缩，容易破损，因而使用寿命相对较短。隔膜式水蓄热设备如图 3.2.3 所示。

3）多槽式水蓄热设备

多槽式水蓄热设备是将冷水和热水分别储存在不同的槽中，以保证送至负荷侧的热水温度维持不变。多个蓄水槽有不同的连接方式。一种是空罐方式，即保持蓄水槽系统中总有一个槽在蓄热或放热循环开始时是空的，随着蓄热或放热的进行，各槽依次倒空。另一种连接方式是将多个槽串联连接或将一个蓄水槽分隔成几个相互连通的分格。由于在所有的罐中均为热水在上、冷水在下，利用水温不同产生的密度差就可防止冷热水混合。多槽系统运行时，其个别蓄水槽可以从系统中分离出来进行检修维护，但系统的管路和控制较复杂，初投资和运行维护费用较高。多槽式水蓄热设备如图 3.2.4 所示。

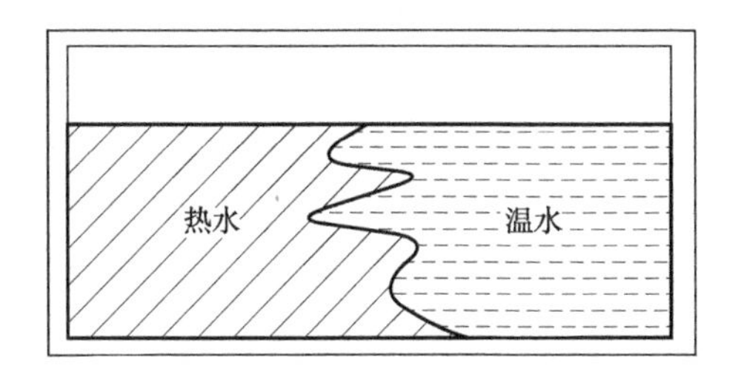

图 3.2.3 隔膜式水蓄热设备

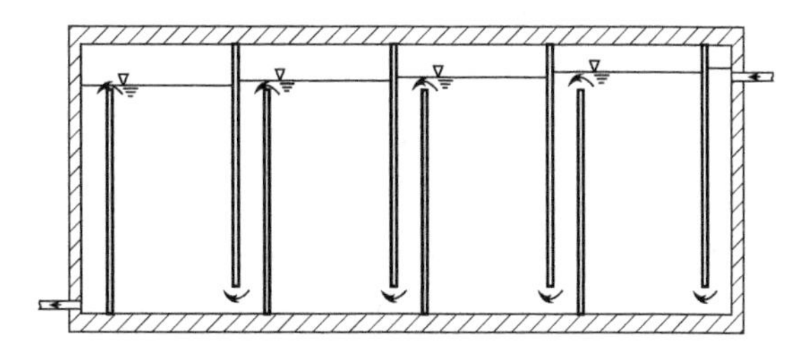

图 3.2.4 多槽式水蓄热设备

4）温度分层式水蓄热设备

温度分层式水蓄热设备是利用水在不同温度下密度不同的特性来实现自然分层。蓄热循环时，制热设备送来的热水由顶部布水器进入蓄热设备，冷水则从底部排出，设备中水量保持不变。放热循环中，水流运动方向相反，热水由顶部送至负荷侧，回流冷水从底部布水器进入蓄热设备。自然分层式蓄热设备蓄热效率高，投资省，是目前国内外水蓄能领域应用最多的设备。

温度分层式水蓄热设备相关情况参见前面多槽式水蓄热设备相关内容，这里仅进行布水器水力特性分析。

（1）进水雷诺数

在斜温层之上/下发生混合，会导致斜温层的衰减，而对它造成影响的是单位长度配管的进水雷诺数和进水流量。进水雷诺数的计算式为：

$$Re_i = q/v \tag{3.2-1}$$

式中：Re_i——稳流器进口的雷诺数；

q——单位长度配水器的水流量，$m^3/(m \cdot s)$；

v——水的运动黏度，m^2/s。

较低的进口雷诺数有利于减小斜温层进口侧的混合作用。进口 Re 数一般在 240～800 能取得较好的分层效果。

（2）Froude 验算

均流器进口的弗劳德数 Fr_i 的计算公式如下：

$$Fr_i = \frac{G}{L[g \cdot h_i^3(\rho_i - \rho_s)/\rho_s]^{0.5}} \tag{3.2-2}$$

式中：Fr_i——稳流器进口的弗劳德数；

G——通过稳流器的最大流量，一个条缝的流量，m^3/s；

L——稳流器的有效长度，每个条缝的间距，0.5m；

g——重力加速度，$9.81m/s^2$；

h_i——稳流器最小进口高度，0.3m；

ρ_i——进口水密度，$999.90kg/m^3$；

ρ_s——周围水密度，$999.50kg/m^3$。

入口处弗劳德数小于 1，即入口处浮力大于惯性力，即可形成重力流。

（3）斜温层厚度

冷水、温水之间存在温差引起的导热过程，导致在冷温水分界面附近，冷水温度有所升高，热水温度有所降低，从而形成从冷水到温水的过渡层，此过渡层即为斜温层。斜温层的厚度越小，可利用的热水越多，蓄热量的利用系数越高。因此，斜温层的厚度越小越好。根据相关工程经验总结，斜温层厚度宜控制在 500～800mm。

3.2.3 蒸汽蓄热设备

1）工作原理

蒸汽蓄热设备是热能的吞吐仓库，一般为卧式圆筒状，内装软化水。当用汽负荷下降时，锅炉产生的多余蒸汽以热能形式通过充热装置充入软化水中贮存，使器内水压力、温度上升，形成一定压力下的饱和水（充热过程）；当用汽负荷上升，锅炉供汽不足时，随着压力下降，器内饱和水成为过热水而产生自蒸发，向用户供汽（放热过程）。蓄热设备对热能的吞吐作用使供热系统平稳运行，从而可使锅炉在满负荷或某一稳定负荷下平稳运行。蓄热设备中的水既是蒸汽和水进行热交换的介质，又是贮存热能的载体。在一定压力下，虽然相同重量的蒸汽比水的焓值高得多，但蒸汽比容很大，因此相同容积的水的含热量远远大于蒸汽的含热量，这就是蒸汽蓄热设备能够吞吐大量热能的原理。

2）应用范围

（1）应用于用汽负荷波动较大的供热系统，例如制浆造纸、化纤、纺织等行业。

（2）应用于瞬时用汽量较大的供热系统，例如使用蒸汽喷射真空泵的行业，间歇制气的煤气厂、氮肥厂等。

（3）应用于汽源供汽不稳定的供热系统，例如采用余热锅炉供气，采用汽化冷却供汽的体系。锅炉负荷往往受余热量变化的影响而不稳定，采用蓄热设备后可使热系统稳定运行。

（4）应用于需要随时供汽、随时用汽的供热系统，例如间断用汽（不连续），随时用汽（早晚用汽多，中午用汽少，白天用汽多，晚上用汽少）的宾馆、饭店等。

总之，蓄热设备可有效地解决蒸汽的供需矛盾，从而稳定锅炉运行工况，达到提高蒸汽品质、稳定生产工艺、节能降耗的目的。

3）效益

（1）提高锅炉运行效率、节约燃料。实践表明，使用蒸汽蓄热设备，一般可节约燃料5%，有时超过10%。

（2）保证汽压稳定、生产正常，提高产品产量和质量。

（3）使锅炉稳定运行，消除锅炉因经常赶火、压火、拨火等不正常运行而可能引起的损坏，延长其使用寿命。

（4）减轻司炉人员的劳动强度，提高锅炉安全运行率。

（5）锅炉工况稳定后，可以方便地控制风煤比，鼓引风比稳定，改善燃烧过程，减少因不完全燃烧造成的环境污染。

（6）增大供热能力，减少基建投资。在供热能力低于用热负荷的企业恰当地安装使用蓄热设备，可使供汽量提高，避免锅炉增容，减少基建投资。

4）设备特点

（1）设备主体为卧式圆筒形压力容器，内部装有充热和放热设备，外部设有人孔、液位计、控制阀门和安全阀门等。

（2）设备出厂时，内件已全部安装好，用户只需安装联接管线、操作平台，并进行保温等。设备基础只承受静负荷，土建施工简单，可露天安装，无须厂房。

（3）自控方便，运行方便，基本不须维修。

（4）开停车方便，运行期间只须巡回检查，无需专人值守。

（5）长期停用只需切断其与系统的联接阀门，放入干燥剂保护即可。

（6）一般运行两年节约的费用即可收回投资。

（7）蒸汽蓄热技术是系统工程，须由有经验的技术部门进行全系统优化设计。

（8）蒸汽蓄热设备筒体为压力容器，须严格按相关管理和技术规程设计制造。一般设备出厂时，已由特种设备专职监检部门检验合格，所有安全技术文件均已齐备，只需在使用单位所在地办理使用许可证即可投入使用。

3.2.4 固体蓄热设备

1）工作原理

固体蓄热设备是以高热容材质做蓄能组件，外壳用隔热耐火材料绝热保温。在夜间电力谷电时段，蓄能组件通过电阻加热系统加热到 1000℃左右，把电能转换成热能储存起来；到了白天用电高峰期间，则通过送风系统，向储能设备内送入空气，经过温度调节向用户供给热风，或用热风将水加热供给热用户。设备原理如图 3.2.5 所示。

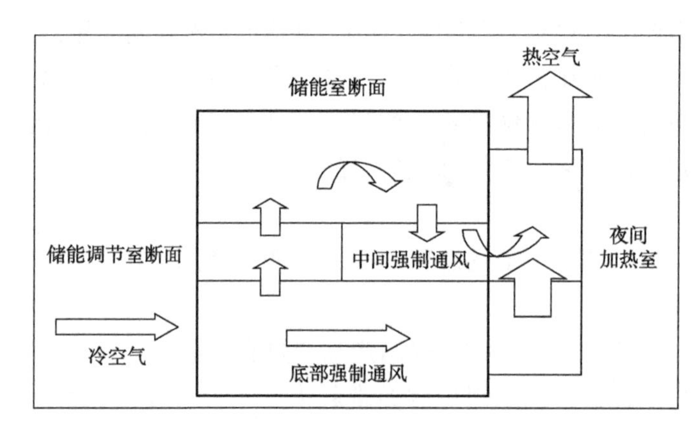

图 3.2.5　固体蓄热设备原理图

2）应用范围

（1）楼宇供热：供暖及卫生用热水。

（2）工厂供热：车间供暖用热水、生产工艺用热水。

（3）养殖供热：植物温室大棚、动物养殖温度调节。

（4）恒温仓储：恒温去湿仓库如弹药库、酒窖等。

（5）升温热水：酒店、健身馆、游泳池用热水。

（6）间歇能源配套：风力发电、光伏发电蓄热配套。

3）技术特点

（1）大功率发热技术

将高压电直接引入发热体，解决了大功率供热的难题。

（2）高密度热存储技术

高温蓄热体采用优良配比的氧化镁加工而成，经高温烧结定型，具有体积小、热容量大、储热能力强、性能稳定、释热稳定等优点。

（3）水电分离

高温蓄热体与热水循环装置之间没有直接接触，热水环路与蓄热体非一体式，而是相对独立，充分保证蓄热设备在各种场合下安全运行，完美解决高压绝缘问题。

（4）特殊气流组织设计

蓄热设备蓄热池内部采用更加合理的气流组织方式，热风循环流程更加合理、可靠，蓄热池放热更加均匀、稳定，蓄热池内部无放热死角。

（5）独特的结构形式

蓄热设备中蓄热池、高效变频风机、高效翅片式换热器等关键部件采用独特结构布置形式，在设备蓄热工作时，无需启动风机、水泵进行降温处理，保证设备安全稳定运行的同时，大大延长风机、换热器使用寿命。

（6）独特的测温方式

蓄热设备蓄热池内温度、电加热丝温度测量采取直接测量方式，测取温度值更加准确无误，为蓄热设备节能、高效、稳定运行以及全自动化控制提供精准的数据支撑。

（7）先进的控制方式

先进的控制系统可提供本地和异地监控，具有手动、自动控制功能，具有良好的人机界面，输出报表内容全面。控制系统智能化管理，可分时段运行。每天可设定多个时段，依次定时自动运行，每个时段可分别设置不同的运行温度，并可实现气候补偿控制，实现分时段按需供暖。

3.2.5 相变蓄热设备

相变蓄热设备采用相变储热材料，利用价格相对便宜的谷电将电能转化为热能，并储蓄在相变材料中，通过高效热交换设备释放热量，提供稳定、安全和便宜的热源供应，具有超高储能密度、循环稳定和安全环保的特点。现在投入使用的相变蓄热设备主要有熔融盐蓄热设备和纳米复合材料蓄热设备。

1）熔融盐蓄热设备

（1）工作原理

熔融盐蓄热设备以无机盐为熔融体，通过相变材料温度的上升或下降存储热能或者放出热能，是目前技术最成熟、材料来源最丰富、成本最低廉的相变蓄热设备。

（2）应用范围

① 集中供热：供暖及卫生用热水。

② 工厂供热：车间供暖用热水、生产工艺用热水。

③ 间歇能源配套：风力发电、光伏发电蓄热配套。

④ 太阳能热发电配套：高温蓄热。

⑤ 余热利用：蒸汽与烟气等余热回收。

(3) 运行特点

① 具有温度较高、热稳定性好、比热容高、对流传热系数高、黏度低、饱和蒸汽压低、价格低等“四高三低”的优势。熔融盐作为一种性能优良的高温传热蓄热介质，在太阳能热发电、核电等高温传热蓄热领域具有非常重要的应用前景。

② 熔融盐蓄热设备的加热储能、换热结构十分复杂，目前还没有商业化的成熟技术。

③ 对配套设备、管道、材料要求相当高，初投资较高，且存在安全隐患。

2) 纳米复合材料蓄热设备

(1) 工作原理

纳米复合材料蓄热设备以无机或有机纳米复合材料为介质，通过相变材料温度的上升或下降存储热能或者放出热能，是目前技术比较成熟、应用范围较广的相变蓄热材料。

(2) 应用范围

① 集中供热：供暖及卫生用热水。

② 工厂供热：车间供暖用热水、生产工艺用热水。

③ 间歇能源配套：风力发电、光伏发电蓄热配套。

④ 余热利用：蒸汽与烟气等余热回收。

(3) 设备特点

① 储热密度大：相变材料储热密度为水的5～20倍，单体蓄热量不小于120kW/m^3，是同体积水蓄热系统储热量的2.5倍以上。

② 循环稳定：物理性能非常稳定，可长期使用，材料无变化、无衰减。

③ 控制先进：先进的控制系统可提供本地和异地监控，具有手动、自动控制功能，具有良好的人机界面，输出报表内容全面。控制系统智能化管理，可分时段运行。

④ 标准化设计：有利于蓄热产品的开发及在蓄热工程中应用。

⑤ 相变材料相变过程中产生的应力使得基体材料容易破坏，同时它会对附属设备产生一定程度的腐蚀作用，因此对设备箱体、管路、附属设备材质要求较高，增加了初投资费用。

⑥ 纳米复合材料价格较高，导致单位热能的储存费用上升，失去了与其他蓄热设备的比较优势。

4 自控技术在低谷电蓄能空调中的应用

4.1 自控系统综述

低谷电蓄能空调自控系统是智能建筑的重要组成部分，其监控点占到整个 BAS 监控点总数的 60%以上，而中央空调系统的能耗占到建筑总能耗的 50%以上，因此中央空调自控系统是建筑节能的重点，故而蓄能空调控制系统的成功与否将直接影响中央空调系统的运行情况并直接决定建筑能耗水平的优劣。

自控系统对于蓄能空调系统的意义正如同大脑对于人体的意义，没有自控系统，蓄能空调系统将成为一盘散沙。自控系统是蓄能空调系统的核心组成部分，承担着将蓄能空调系统内各主要设备以及其他子系统组合成一个可运行的、有功能的“有机整体”的重要使命。

低谷电蓄能空调自控系统的目标是：通过对制冷主机、蓄能装置、电锅炉、板式换热器、水泵、冷却塔、系统管路调节阀、水泵变频器等的控制，调整蓄能空调系统各应用工况的运行模式，使系统在任何负荷情况下均能达到设计参数并以最可靠的工况运行，保证空调的使用效果。同时在满足末端空调系统要求的前提下，整个系统达到最经济的运行状态。

4.2 自控系统硬件构架

4.2.1 综述

随着计算机以及数字通信技术的发展，中央空调控制系统普遍采用了集散控制方式，这种方式克服了计算机集中控制带来的危险高度集中和常规仪器仪表就地控制功能单一的缺点。集散控制系统又称分布式控制系统（Distributed Control System），其特点是“集中管理、分散控制”，即以分布在现场的微型计算机控制装置（一般采用 PLC，可编程逻辑控制器）完成被控设备的实时监控任务。PLC 直接分布于控制现场，控制功能较为专一，任务明确，任何一台计算机的故障都不会影响到其他计算机的正常运行，大大提高系统的可靠性。

蓄能空调控制系统主要由三层构成：管理层、监控层和现场控制层。

管理层设置操作站，俗称上位机，操作员可在上位机处通过人机交互界面（上位机多采用电脑显示器）对蓄能空调系统进行集中监控和在线管理。专业工程师可在操作站进行系统组态并下载运行数据进行保存或打印。负荷预测及优化控制软件安装于上位机的工控 PC，执行负荷预测及优化控制等高级控制功能。

监控层设置现场控制站，俗称下位机。下位机上同样设 HMI，现场操作人员可以通过 HMI 直接设定系统运行参数并控制系统运行。下位机多采用可靠性极高的 PLC。

现场控制层主要包括各受控设备和各类自控元器件，如传感检测元件、执行机构（电动阀）、系统动力柜、变频器等。

4.2.2 管理层（上位机系统）

1）上位机

自控系统的最上层为管理层，亦可称为上位机系统。上位机为自控系统的图文控制中心，主要由工控 PC 和激光打印机组成，由专业工程师在操作系统 OS 内采用 SIMATIC WinCC 组态软件平台对监控层即下位机 PLC 内的控制程序进行组态，采用全中文操作界面，HMI 友好。管理人员和操作者可以通过观察 PC 显示的系统运行状态、关键参数以及运行曲线来了解当前和以往整个蓄能自控系统的运行情况及所有参数，并且通过鼠标进行系统管理，执行打印任务，负荷预测和优化控制等高级功能均在上位机上实现。

2）WinCC 软件平台

WinCC 是 SIMATIC PCS 7 过程控制系统的人机界面组件，是一款优秀的运行于标准 Windows 操作系统的人机界面 HMI 监控软件。独立于工艺技术和行业的基本系统设计，模块化的结构，以及灵活的扩展方式，使其不但可以用于机械工程中的单用户，而且还可以用于复杂的多用户解决方案，甚至是工业和楼宇技术中包含有几个服务器和客户机的分布式系统。

WinCC 的优点：

① 通用的应用程序，适合所有工业领域的解决方案。

② 可以集成到所有自动化解决方案内。

③ 内置所有操作和管理功能。

④ 可简单、有效地进行组态。

⑤ 可基于 Web 持续延展。

⑥ 采用开放性标准，集成简便。

⑦ 可用选件和附加件进行扩展。

⑧ WinCC 增强的 WEB 功能，如图 4.2.1 所示。

⑨ WinCC 强大的历史数据管理归档功能，如图 4.2.2 所示。

⑩ WinCC 强大的数据链接功能，如图 4.2.3 所示。

⑪ WinCC 强大的数据集成功能，如图 4.2.4 所示。

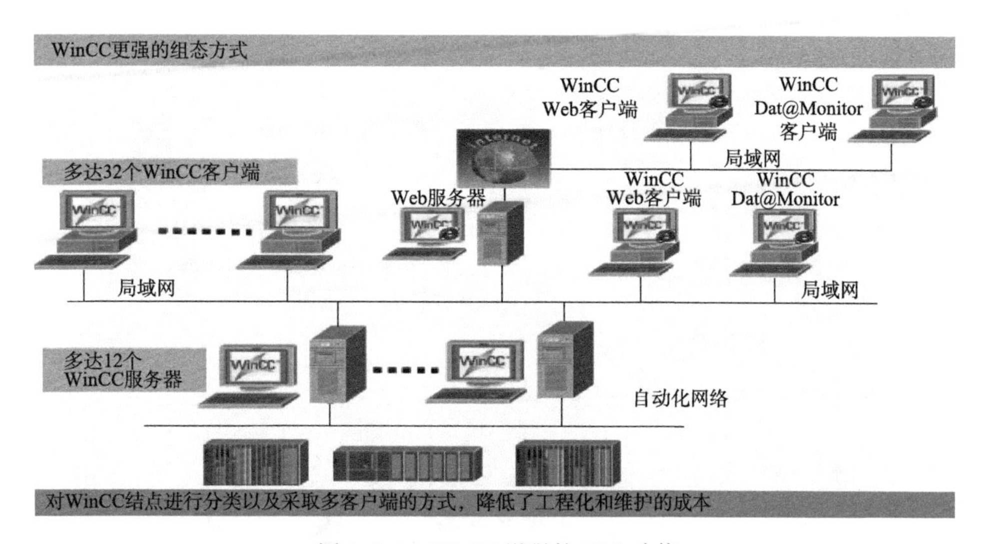

图 4.2.1　WinCC 增强的 Web 功能

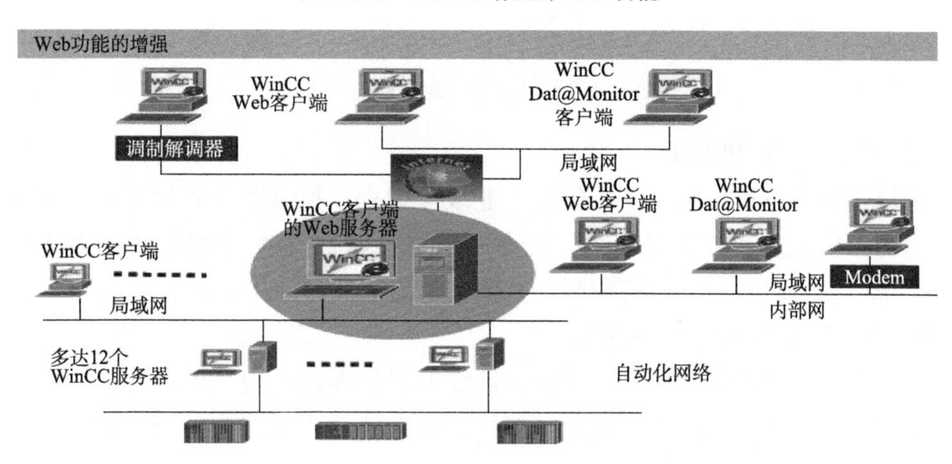

图 4.2.2　WinCC 的历史数据管理归档功能

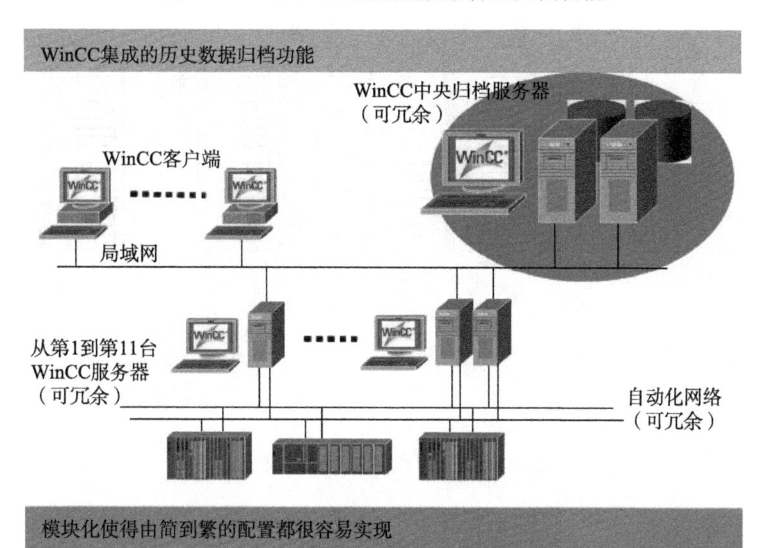

图 4.2.3　WinCC 的数据链接功能

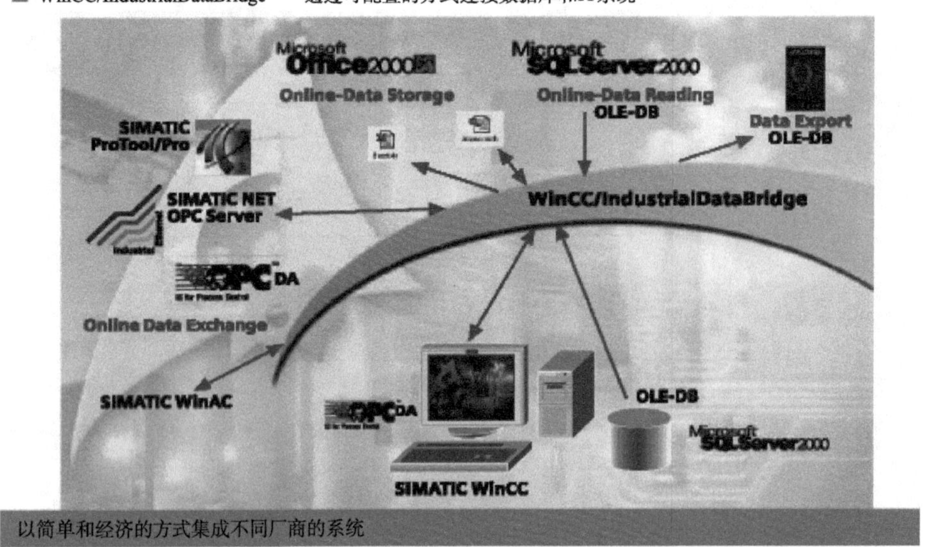

图 4.2.4 WinCC 的数据集成功能

3）监控层（下位机系统）

监控层俗称下位机系统，主要包括工业级可编程序控制器和人机界面。下位机通过通信卡与上位机进行数据通信，人机界面采用彩色触摸屏，通过 MPI 协议与 PLC 相连。上位机脱机时，在下位机控制下，整个系统正常运行并可以实现无人值守。

（1）SIEMENS 可编程序控制器

该工业级产品以极强的抗干扰性能在严酷的工作环境中得到了广泛的应用。独立的网络系统可免遭计算机病毒的侵犯，确保自控系统的可靠安全运行。其具体结构如图 4.2.5 所示。

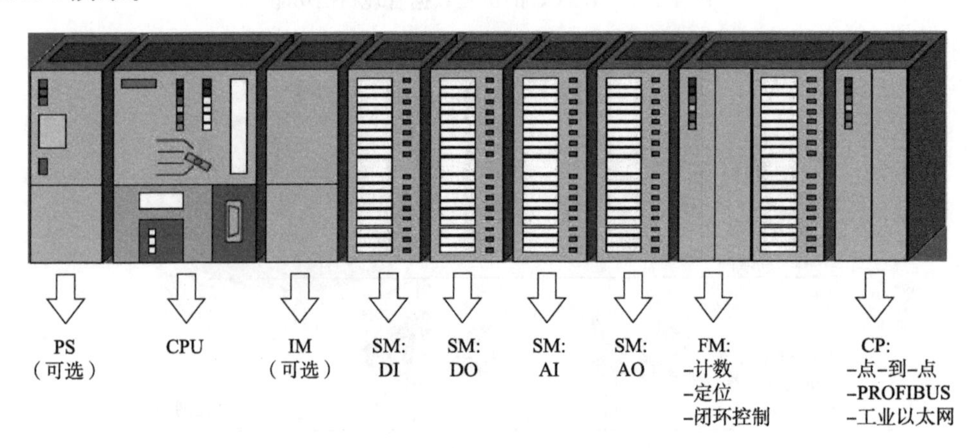

图 4.2.5 可编程控制器结构图

① CPU 概述

模块化结构，最多可配置 32 个模块，所有模块均为封装式，运行时无需风扇。

光电隔离，高电磁兼容，具有最高的工业适用性，允许的环境温度达 60℃，具有很强的抗干扰、抗振动与抗冲击性能。

CPU 具有浮点运算、方式选择等功能，指令处理时间仅为 0.3μs。

符合 DIN、UL、CSAT、FM 等国际标准。

触摸面板防护等级高（前面板 IP65），能在严酷的工业环境中使用。

② PLC 的优异性能：极高的可靠性；丰富的指令集；易于掌握；操作性极强；丰富的内置集成功能；实时特性；强劲的通信能力；丰富的扩展模块。

（2）SIEMENS 彩色触摸屏

下位机系统内一般采用彩色触摸屏作为操作面板 HMI，通过触摸屏可以直接在屏幕上进行过程控制。操作简便、图形按钮及自解释说明等特点使操作更加方便，完全取代常规的开关按钮、指示灯等器件，使控制柜面变得更整洁。

更进一步，触摸屏在现场进行状态显示、系统设置、模式选择、参数设置、故障报警（制冷主机的重要报警信息可在触摸屏及上位机中反映）、负荷记录，以及时间日期、实时数据显示，负荷曲线与报表统计等功能，中文操作界面直观友好。

4）现场控制层

现场控制层主要包括各受控设备和各类自控元器件，如传感检测元件、执行机构（电动阀）、系统动力柜、变频器等。各种检测元器件如同遍布于人体中的神经网络，精确、及时地感应着系统运行的微小变化，各个关键测控点的数据以电流或电压信号通过数据电缆传递至 PLC 系统中的输入模块，PLC 中的 CPU 模块通过内植的控制软件比较实测值与目标值，通过 PID 比例积分计算、延时计算等自动控制算法计算各种执行机构应执行的动作以及动作的幅度，再通过输出模块将控制程序计算结果处理成各种执行机构（电动阀、变频器、动力柜内接触器等）可以“听懂”的指令（同样为电流信号或者电压信号），再通过数据电缆传递至执行机构，由执行机构动作以修正当前值和系统设定目标参数值之间的偏差。至此，一个典型、完整的“检测偏差-向上反馈-程序计算-向下反馈-执行动作-修正偏差”控制环形成，自动控制系统的控制目标最终得以实现。

5）监控系统网络配置及性能指标

蓄能中央空调机房控制系统中的上位机向楼宇自控系统 BAS 开放接口，蓄能机房内全部运行数据可以向楼宇自控系统全面提供。楼宇自控系统内工作站上可由相应组态软件进行组态，在 BAS 工作站电脑上可以直接监控蓄能机房运行。

蓄能机房内上位机系统通过内置网卡，以 OPC 通信方式并采用常见的 TCP/IP 通信协议，如图 4.2.6 所示，由 BAS 系统分配给蓄能机房内上位机某一固定 IP 地址，BAS 工作站电脑可以通过点对点通信方式访问蓄能机房内上位机并上载蓄能机房内经编码且一一对应的全部运行数据。

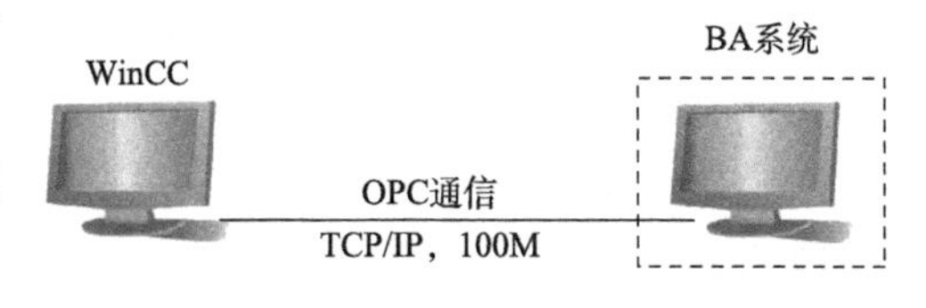

图 4.2.6 通信方式图

OPC是为了解决应用软件和各种设备驱动程序的通信而制定的一项工业技术规范和标准。它采用客户/服务器体系，基于微软OLE/COM和DCOM（Distributed Component Object Model）技术，为硬件厂商和软件开发者提供了一套标准的接口。OPC规范了接口函数，不管现场设备以何种形式存在，客户都以统一的方式去访问，从而保证软件对客户的透明性。OPC可以充当现场设备、数据传输和向上层的应用程序的接口。当作为下层现场设备的标准接口时它可代替传统的“I/O驱动器”来完成与现场设备的通信。TCP/IP协议在商用网络领域应用极为广泛，成熟可靠，运行稳定，使用带宽为100M，足以应付水蓄冷中央空调系统上位机向楼宇自控系统BAS上位机的上载数据流量。

6）控制系统设备的通信接口类型及通信协议

在控制系统中，核心控制设备可编程逻辑控制器需要和上位机、触摸屏以及各受控设备、元器件之间进行数据通信，实现系统运行参数上行和控制指令下行的控制过程。因此在PLC与其他监控设备之间存在不同的通信接口类型，并对应于不同的通信协议，如图4.2.7所示。

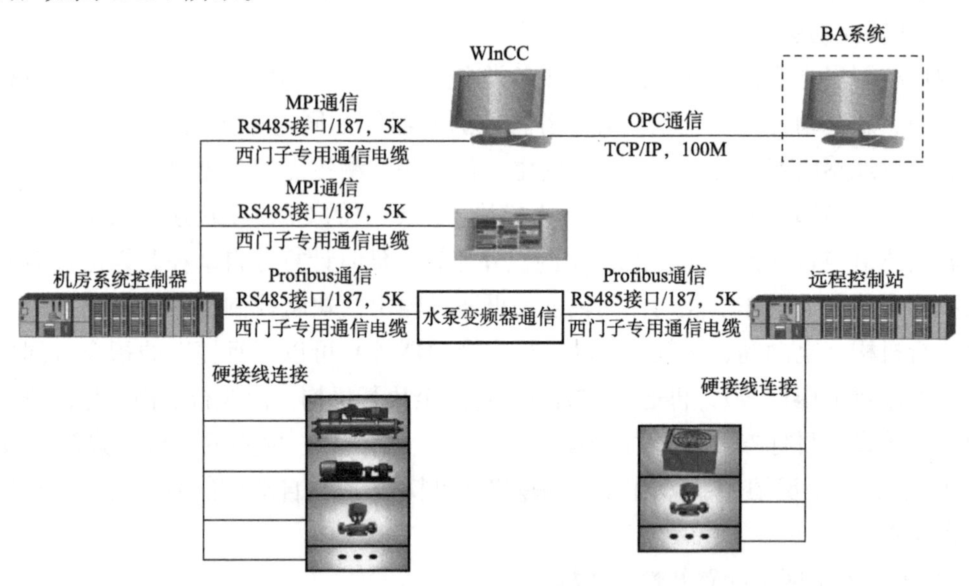

图4.2.7　通信协议图

（1）MPI通信

SIEMENS彩色触摸屏、上位机与PLC通信采用MPI通信方式，其通信协议为标准的MPI通信协议。MPI通信是通信速率要求不高、通信数据量不大时，可以采用的一种简单经济的通信方式。MPI通信可以使用PLC操作面板TP/OP以及上位机MPI/PROFIBUS通信卡。MPI网络最多可以连接32个节点，最大通信距离为50m，可以通过中继器来扩展长度。PLC、CPU上的RS485接口不仅是编程接口，同时也是MPI通信接口，在无其他硬件环境下，可以实现PG/OP、全局数据通信以及少量数据交换的S7通信等通信功能。其网络结构的配置如图4.2.8所示。

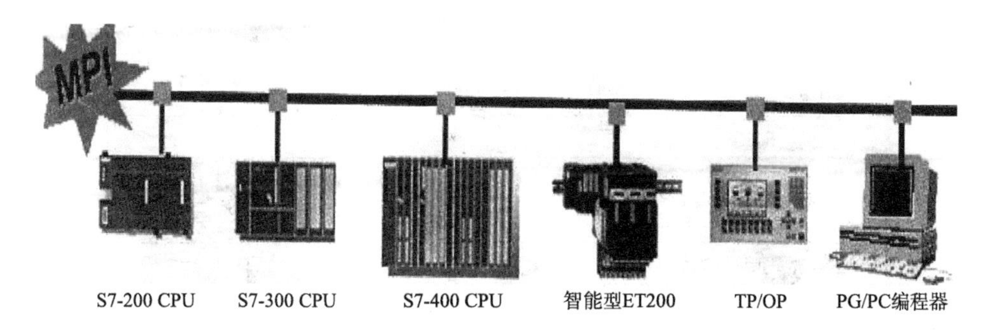

图 4.2.8 网络结构配置图

现场控制器 PLC 与触摸屏通过标准的 RS485 接口连接，每个通信兼容模块是操作单元的通信同级设备。它包含 CPU 以及通信兼容的功能模块（FM）。通过 MPI 连接，操作单元（PC 或 OP，即上位机或触摸屏）被连接至 PLC 的 MPI 接口。

（2）现场总线 Profibus 通信

Profibus 是一种国际化、开放式、不依赖于设备生产商的现场总线标准，广泛适用于制造业自动化，流程工业自动化和楼宇、交通电力等其他领域的自动化。Profibus 由三个兼容部分组成，即 Profibus-DP（Decentralized Periphery）、Profibus-PA（Process Automation）、Profibus-FMS（Fieldbus Message Specification），如图 4.2.9 所示。

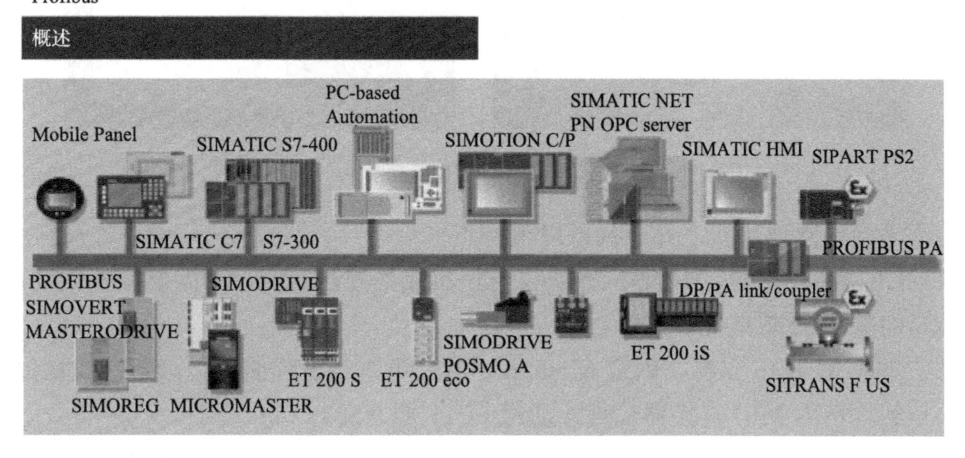

图 4.2.9 现场总线 Profibus 通信图

4.3 自控系统软件功能及性能指标

自控系统的软件主要包括两类。一类为平台性质软件，如操作系统 OS（Operation System）、Simatic Step-7 编程平台以及 WinCC 组态软件平台。另一类为在软件平台上根据具体情况运行的控制软件、上位机操作软件和运行于上位机平台的负荷预测及优化控制软件（具体清单见表 4.3.1）。

常用自控软件统计表 **表 4.3.1**

序号	软件类型	软件名称	数量	备注
1	操作系统(OS)软件	Windows2000-SEVER	1套	
2	下位机控制程序编制平台软件	Siemens Step-7	1套	
3	上位机控制程序编制平台软件	WinCC	1套	
4	蓄能系统下位机监控软件	Simatic Step7	1套	
5	蓄能系统上位机监控软件	STEP7-MICWIN3.2 V3.1	1套	
6	负荷预测及优化控制软件	FUZZY V1.6	1套	

4.3.1 STEP-7 编程平台简介

Step7 是用于 Simatic S7-300/400 站创建可编程逻辑控制程序的标准软件，可使用梯形图逻辑、功能块图和语句表进行编程操作。PCD1 和 PCD2 Saia-PCD 控制设备也可以用 Siemens Step7 来编程。使用 Step7 编程可以在 Saia-PCD 上实现某些集成在 Step7 内的功能。编程平台如图 4.3.1。

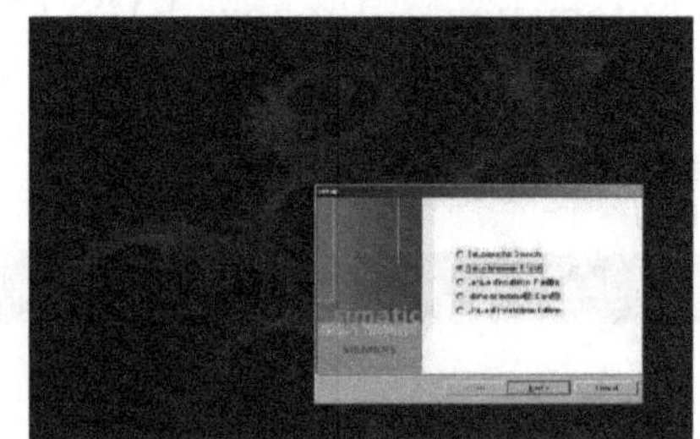

图 4.3.1 编程平台

编程平台在常规功能之外还具备以下特点：

（1）DK 3964 R/RK 512 等标准协议已经集成到控制器内，不需要额外驱动；

（2）内置 MPI 软体接口；

（3）集成 Modem 支持：内置 Modem 功能，可进行远程编程、诊断或数据传输；

（4）编程不需 MPI 转换器，直接通过 PC 上的 RS232 口；

（5）现场总线通信功能：控制器功能中已集成了 Profibus DP/FMS 和 LON-Works；

（6）利用 Web Server 进行监控：

（7）储存 HTML、图片、PDF 文件等到控制器里供通用浏览器查看；

（8）扩展操作系统功能：如保护技术秘密，防止非法查看或复制。

4.3.2 蓄能系统下位机监控软件功能说明

蓄能系统控制软件以 Step7 为平台编制，具备控制功能的软件需通过 Protool 软件在下位机触摸屏上处理，操作人员可以在触摸屏等人机界面完成对系统的设置，实现对系统的自动管理和监视。

系统启动：当触摸屏通电时，屏幕上出现如图 4.3.2 所示启动画面。按下“水储冷空调系统”按钮或“水蓄热空调系统”按钮，输入密码可分别进入蓄冷、蓄热系统，对系统进行设置和监视。按下“系统设置”按钮，可进入触摸屏设置系统（该键禁止按下，操作人员必须得到授权才能进入）。该菜单内部参数只有系统员或者专业人员才能修改（否则将造成系统运行紊乱，甚至无法运行）。

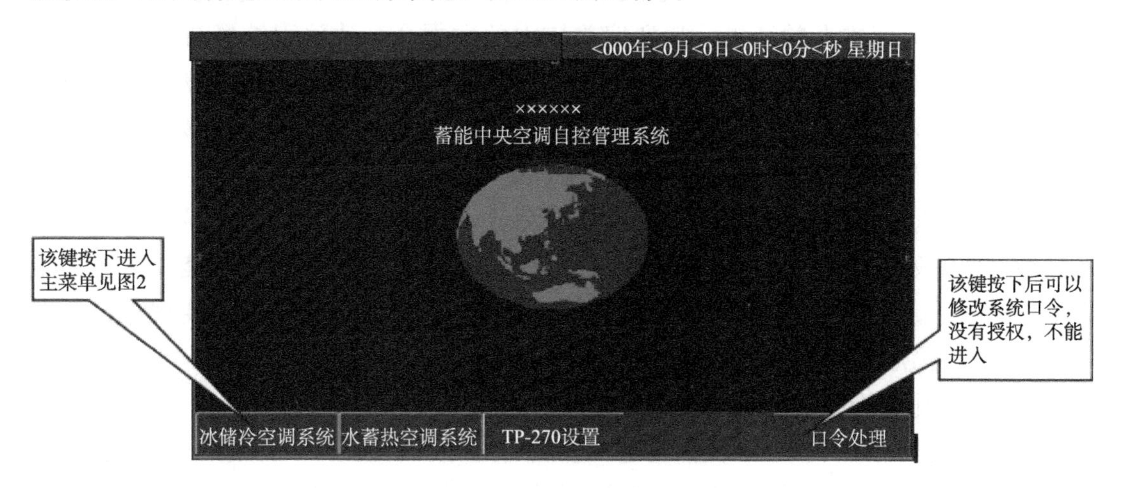

图 4.3.2　触摸屏启动画面

4.3.3　FUZZY 负荷预测及优化控制软件

1）负荷预测的原理及特点

（1）研究背景

为了节省空调系统的初投资以及配电容量，绝大部分水蓄冷空调系统都采用了分量蓄冷的设计，即设计日空调负荷由蓄冷水槽和制冷主机共同分担冷负荷。现行的电价政策大都是将一天内的 24 小时分为高峰电价时段、平峰电价时段和低谷电价时段等三个时段，以往水蓄冷空调的主机优先和蓄冷水槽优先的运行模式均无法达到既满足空调负荷要求，又使运行费用最省的双重目的。为了更有效地节省空调运行费用，必须对水蓄冷空调进行优化控制，将水槽供冷负荷与制冷负荷合理地分配到每个时段内，而实现这一要求的前提是事先必须知道负荷的分布情况。建筑物负荷不是一成不变的，而是随季节、时间、气温、湿度以及其他各种偶然因素变化，传统的负荷计算软件无法对每天的负荷进行准确计算。

（2）负荷预测的原理及特点

负荷预测主要通过分析以往实际运行数据，利用统计、概率、矩阵等方法来预测未来负荷。它是一个统计模型。预测不需要考虑诸如新风负荷、日照负荷、设备负荷等基本稳定的内部因素，只需考虑如最高气温、最低气温等外部因素，操作十分方便。

由于负荷预测的依据为实际运行数据，所以，负荷预测只适用于空调系统建成后的运行阶段，而不适用于空调系统设计阶段。

(3) FUZZY负荷预测与其他负荷预测软件的比较

理论上，预测软件能不断地学习实际运行经验，最终准确预测负荷。在实际运行中，不可避免地会因设备故障、传感器故障、临时停机等偶然因素，使得采集数据的过程中会出现数据遗漏、数据错误、数据偏差较大等情况，因此软件学到的数据，也有错误的数据和偏差很大的数据。学到规律性的数据可以得到良好的预测效果，学到错误的数据会得到错误的结果，学到偏差较大的数据会导致预测结果与实际偏差较大。对于错误的数据，人工很容易识别，计算机识别难度较大，但通过复杂的程序多次过滤，大部分也能清除。而偏差较大的数据即使人工也很难识别，很多数据仅用对与错来描述显然是够的，处理这类数据通常要用到模糊数学。

FUZZY负荷预测软件就是在原有负荷预测软件的基础上，利用模糊数学的方法，在原始数据的处理上，增加了数据过滤、数据补齐，特别是模糊处理功能，使软件能自动识别原始数据的有效性以及每个数据的可信度，抓住原始数据的主要规律，减小非规律性数据给预测结果带来的错误与不稳定性。

2) 负荷预测理论模型

负荷预测采用统计模型和模糊理论，直接通过分析以往的运行数据来对今后的负荷进行预测。统计模型主要采集以往的运行数据，对这些数据进行统计分析，找出这些运行数据的规律与变化趋势，再根据预测日的天气等对负荷影响较大的因素进行修正，得出预测日的预测数据。模糊理论主要针对实际运行中诸多不稳定因素造成的采集部分数据出现的问题（包括数据错误，数据不具有代表性，不能反映负荷变化的真实规律等）进行模糊过滤和模糊处理，使预测结果更能反映实际规律，预测更稳定。

模糊数学方法处理偏差较大的数据时，不是简单地将数据判定为正确与错误，而是引入一个可信度的概念，当一个数据与基准数据相差很小时，认为该数据可信度很高，反之，可信度很低（可信度是一个介于0～1的数值）。可信度的高低可以通过模糊函数计算而来。

模糊函数的种类很多，包括三角形模糊函数、梯形模糊函数、S型模糊函数、柯西模糊函数、正态分布模糊函数等。本书以模糊幂函数为例来介绍模糊处理的方法。

假设 i 时刻的预测负荷为 $Q_{f,i}$，由采集系统得到的负荷为 $Q_{r,i}$，令 $R_i=\dfrac{Q_{r,i}}{Q_{f,i}}$，$RF$ 为相对稳定性因子（RF 为大于1.0的数值），CR_i 为相对模糊可信度。

$$CR_i=\begin{cases}(R_i+RF-1)^{nrl} & \text{当} R_i<\dfrac{1}{RF}\text{时}\\ 1 & \text{当}\dfrac{1}{RF}\leqslant R_i\leqslant RF\text{时}\\ (R_i-RF+1)^{-nrh} & \text{当} R_i>RF\text{时}\end{cases} \tag{4.3-1}$$

式中：nrl 为相对偏小模糊强度，nrh 为相对偏大模糊强度。

图 4.3.3 为模糊幂函数示意图，所有的模糊函数都应该是连续函数，即当$\nabla R_i \to 0$ 时，$\nabla CR_i \to 0$。

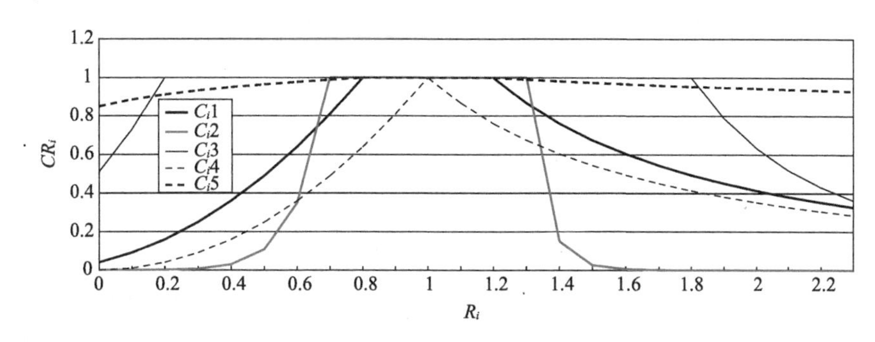

图 4.3.3　模糊幂函数示意图

RF 越小，如图中 C_i4，即认为绝对可靠的数据也越少，更多的数据被认为可信度较低，这样会使得该模糊函数用于预测时预测结果较稳定，但如果太接近 1.0，就会导致本来合理的偏差被认为可信度很低，预测系统对当前的数据变化反应迟钝，学习较慢；如果 RF 太大，如图中 C_i3，即认为绝大多数的数据都绝对可靠，这样就会失去模糊功能，把本来可信度很低的数据认为是非常有效的数据；根据系统的稳定程度，根据经验，RF 的值通常在 1.1～1.5。

nrl 和 nrh 分别为数据偏低和数据偏高时的模糊强度，它们的值均为小于 0 的实数，根据需要分析的数据的特点，两个值可以相同，也可以不同。当取值太小时，如图中 C_i5，系统会认为大多数数据的可信度都较高，这会使得系统失去模糊功能；反之，当它们的取值太大时，如图中 C_i2，系统会认为偏差较大的数据的可信度非常低，这样容易使得本来正确的数据错判为非法数据。对于空调负荷预测系统，根据经验 nrl 和 nrh 的值通常在 1.0～2.0。

在实际空调负荷预测中，仅靠相对模糊可信度来判断一个数据的可信度是不够的，还需考虑数据的绝对模糊可信度 CA_i。

假设 i 时刻的预测负荷为 $Q_{\mathrm{f},i}$，由采集系统得到的负荷为 $Q_{\mathrm{r},i}$，此时的最大可能负荷为 $Q_{\mathrm{max},i}$，令 $A_i=\dfrac{|Q_{\mathrm{r},i}-Q_{\mathrm{f},i}|}{Q_{\mathrm{max},i}\times RA}$，$RA$ 为绝对稳定性因子（通常 $0.05\leqslant RA\leqslant 0.4$），$CA_i$ 为绝对模糊可信度，建立一个反 S 型模糊函数：

$$CA_i=\frac{2}{e^{A_i}+e^{-A_i}} \tag{4.3-2}$$

图 4.3.4 为反 S 型模糊函数示意图，当 $A_i \to 0$ 时，$CA_i \to 1$；当 $A_i \to \infty$时，$CA_i \to 0$，即绝对偏差越小，可信度越高，反之绝对偏差越大，可信度越低。

根据系统的稳定程度，RA 可取不同的值，系统越稳定，RA 取值越小，系统波动越大，RA 取值也应该越大。

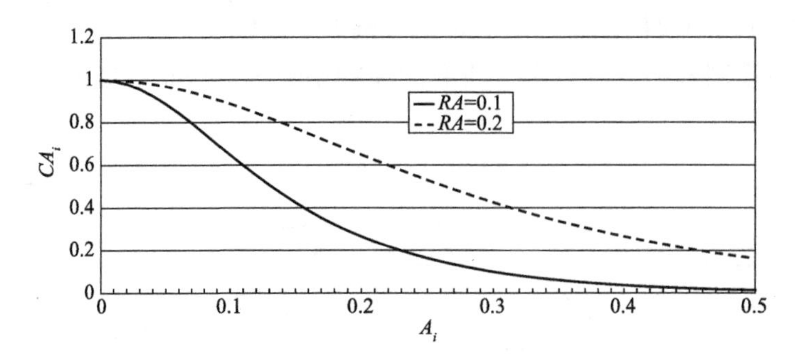

图 4.3.4 反 S 型模糊函数示意图

模糊可信度 C_i 是相对模糊可信度和绝对模糊可信度的函数，根据不同的数据情况，函数关系式可以有不同的形式，由于 C_i 仍是一个模糊函数，因此它必须满足模糊函数的特征，即：它的值必须介于 0～1；它必须是连续函数；它的值必须是常数。

根据以上条件，可以建立如下函数：

$$C_i=\sqrt{CR_i \cdot CA_i} \tag{4.3-3}$$

$$C_i=\frac{CR_i+CA_i}{2} \tag{4.3-4}$$

$$C_i=\max(CR_i,\ CA_i) \tag{4.3-5}$$

$$C_i=\min(CR_i,\ CA_i) \tag{4.3-6}$$

$$C_i=\sqrt{\frac{CR_i^2+CA_i^2}{2}} \tag{4.3-7}$$

以上公式可以统一成一个公式 $C_i=\sqrt[n]{\frac{CR_i^n+CA_i^n}{2}}$，$n$ 为保守系数（$-\infty<n<+\infty$，$n\neq 0$），当希望 C_i 接近于 CR_i 和 CA_i 之间较小数时，n 取值较小，反之 n 取值较大。

在对每个数据进行模糊评价后，即可进行数据的预测：

$$QT_{\mathrm{f,\ i}}=f(Q_{\mathrm{f,\ i}},\ Q_{\mathrm{r,\ i}},\ C_{\mathrm{i}},\ T_{\mathrm{h,\ I}},\ T_{l,\ \mathrm{I}},\ T_{\mathrm{h,\ I+1}},\ T_{l,\ \mathrm{I+1}},\ P_{\mathrm{I}},\ P_{\mathrm{I+1}}\cdots) \tag{4.3-8}$$

式中：$QT_{\mathrm{f,i}}$——预测天第 i 时刻的预测负荷；

$T_{\mathrm{h,I}}$——参考天的最高气温；

$T_{l,\mathrm{I}}$——参考天的最低气温；

$T_{\mathrm{h,I+1}}$——预测天的最高气温；

$T_{l,\mathrm{I+1}}$——预测天的最低气温；

P_{I}——参考天的预测人数；

$P_{\mathrm{I+1}}$——预测天的预测人数。

3）优化控制模型

优化控制软件根据以往的负荷情况、运行情况、次日的气候情况预测次日的负荷，并根据预测负荷及系统约束条件对次日的运行方案进行优化，输出次日各时刻的运行工况，包括制冷机的开启台数、电锅炉的开启台数、蓄能水泵、放能水泵的开启台数以及主机的设定（运行工况及温度设定）。

优化控制模型主要的约束条件：

（1）每个时刻空调系统所需要的总负荷等于能源设备提供的负荷与蓄能装置提供的负荷之和；

（2）能源设备提供的负荷必须小于等于能源设备所能提供的最大负荷；

（3）为保证能源设备高效率运行，每台能源设备所提供的负荷不小于能源设备额定负荷的 50%；

（4）蓄能设备所提供的负荷不得大于蓄能设备的最大蓄能能力；

（5）能源设备（制冷机、电锅炉）开启台数不得超过总的能源设备台数；

（6）蓄能水泵的开启台数等于能源设备的开启台数；

（7）应将放能尽量用在电价高峰时段；

（8）应保证放能的合理分配，既要保证满足负荷要求，又要尽量将储存能量全部放出；

（9）考虑制冷机出口温度对盘管融冰速率的影响；

（10）考虑系统流量对蓄能速率的影响；

（11）考虑蓄能设备出口温度设定对蓄能设备放能速率的影响；

（12）在保证负荷要求的情况下，尽量不要在用电低谷时段放能。

所有这些约束条件形成一个约束网络，如图 4.3.5 所示。

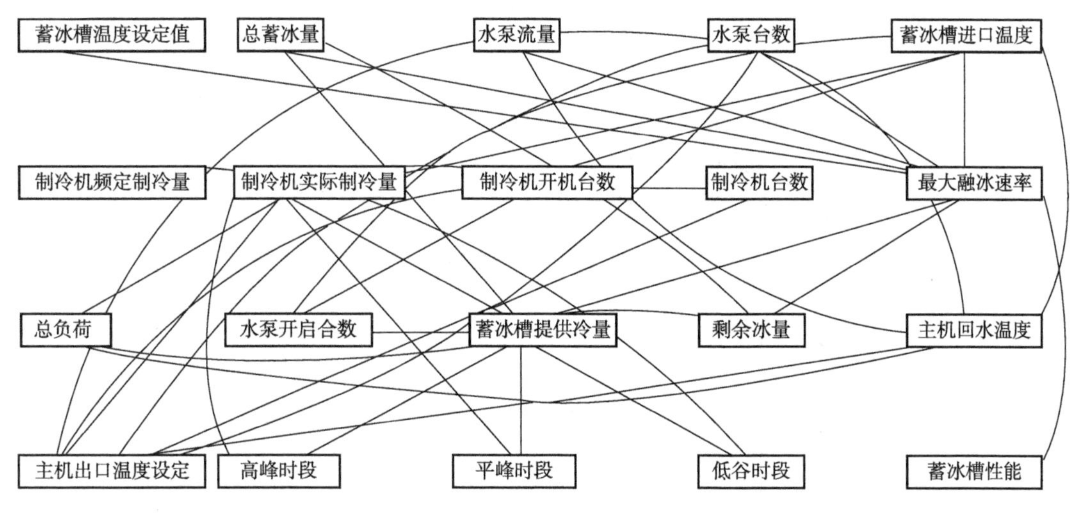

图 4.3.5 优化控制约束条件网络

4）负荷预测软件功能

（1）文件处理功能

① 定时导入数据功能（图 4.3.6）；

② 自动检查数据并导入数据（图 4.3.7）；

③ 自动补齐预测（图 4.3.8）。

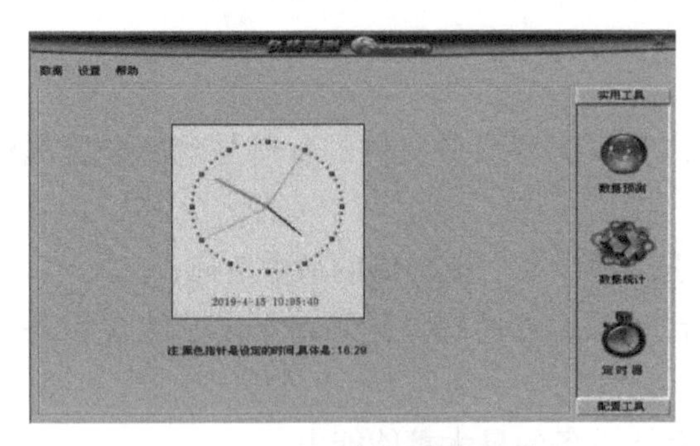

图 4.3.6　定时导入数据界面

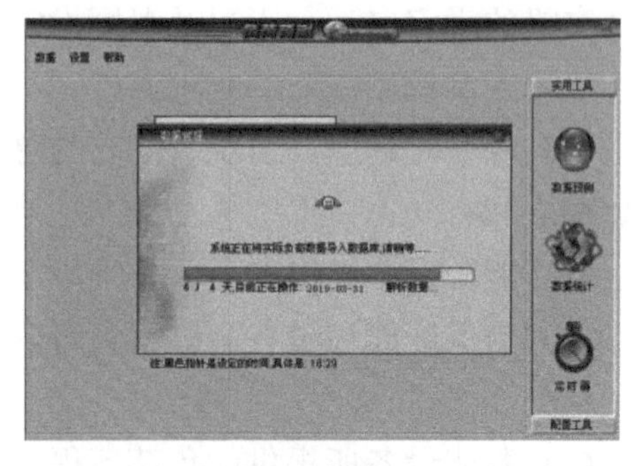

图 4.3.7　自动检查数据并导入数据界面

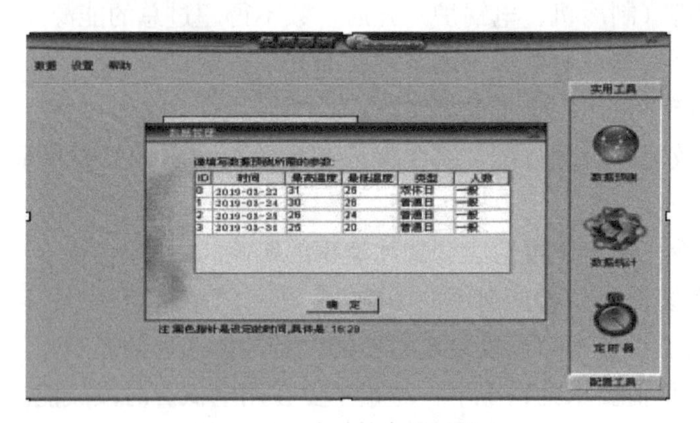

图 4.3.8　自动补齐预测界面

（2）数据处理功能

① 自动过滤原始数据中的错误数据；

② 自动补齐原始数据中遗漏的数据；

③ 自动补齐操作人员遗漏的数据；

④ 自动分辨工作日与双休日（图 4.3.9）。

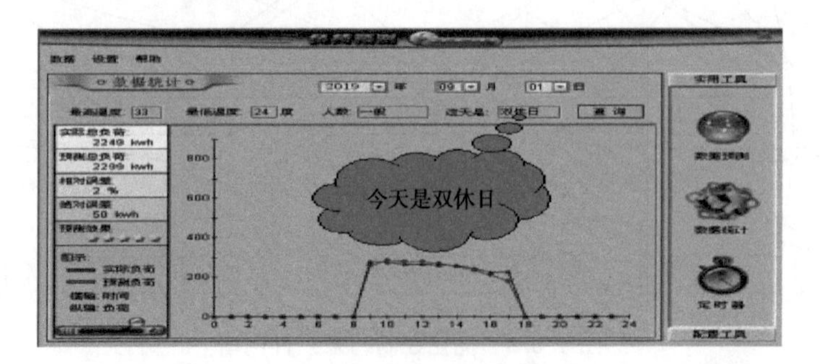

图 4.3.9　双休日界面

（3）模糊预测功能

① 模糊识别各数据的可信度；

② 相对模糊处理；

③ 绝对模糊处理；

④ 模糊预测结果处理（模糊清零）；

⑤ 模糊处理实际运行中的偶发因素（如停电、停机、天气突变、临时开会等）（图 4.3.10）。

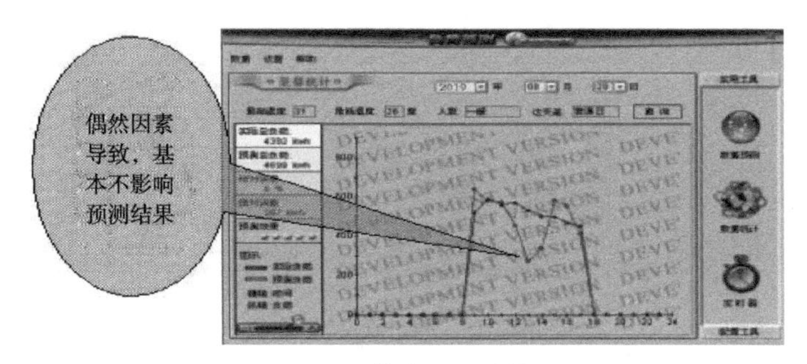

图 4.3.10　模糊预测功能界面

⑥ 预测评价功能（图 4.3.11）

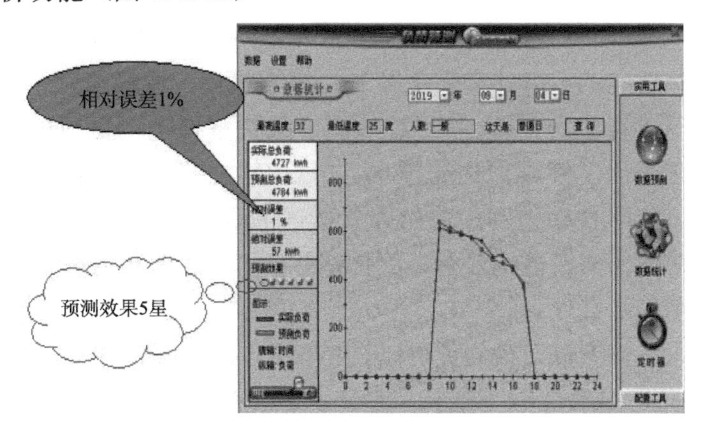

图 4.3.11　预测评价功能界面

(4) 优化控制功能

① 软件根据预测负荷自动生成优化控制运行（图 4.3.12）；

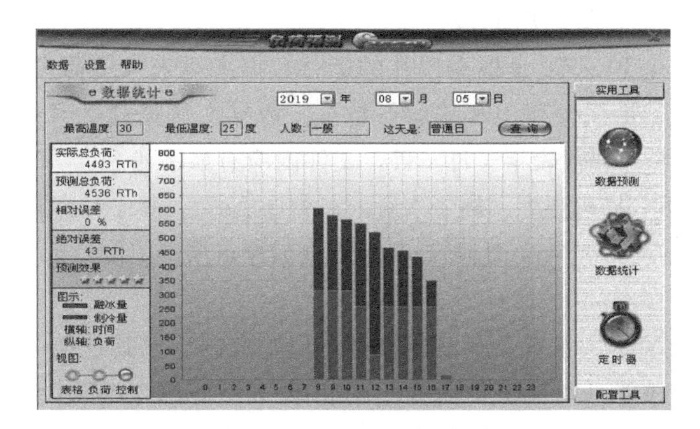

图 4.3.12　优化控制运行图

② 软件根据预测负荷自动生成优化运行参数（图 4.3.13）。

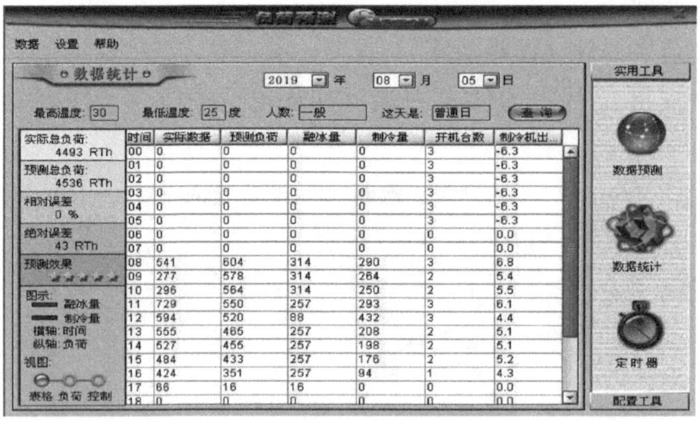

时间	实际数据	预测负荷	融冰量	制冷量	开机台数	制冷机出...
00	0	0	0	0	3	-6.3
01	0	0	0	0	3	-6.3
02	0	0	0	0	3	-6.3
03	0	0	0	0	3	-6.3
04	0	0	0	0	3	-6.3
05	0	0	0	0	3	-6.3
06	0	0	0	0	0	0.0
07	0	0	0	0	0	0.0
08	541	604	314	290	3	6.8
09	277	578	314	264	2	5.4
10	296	564	314	250	2	5.5
11	729	550	257	293	3	6.1
12	594	520	88	432	3	4.4
13	555	465	257	208	2	5.1
14	527	455	257	198	2	5.1
15	484	433	257	176	2	5.2
16	424	351	257	94	1	4.3
17	66	16	16	0	0	0.0
18	0	0	0	0	0	0.0

图 4.3.13　优化控制参数表

5）FUZZY 负荷预测软件

（1）软件简介

FUZZY 负荷预测软件（以下简称 FUZZY）采用了 21 世纪人工智能最前沿的模糊技术，对建筑物以往空调运行的实际负荷进行模糊过滤、模糊识别，根据次日的天气情况，对次日负荷进行模糊预测。FUZZY 能够很快掌握空调负荷的规律，具有自学习快的特点。由于采用了模糊识别的技术，FUZZY 能够紧紧抓住建筑物空调负荷变化的普遍规律，且能够自动识别因偶然因素造成的负荷波动，比如天气的突然变化、因停电或设备故障等因素造成的停机，因传感器损坏造成的实际采集错误等。

（2）软件安装与下载

系统配置要求：经测试，该软件可以在 Windows2000 Professional，Windows2000 Server，Windows XP 操作平台下运行，系统要求装有 Microsoft Access 2000 软件。

安装与卸载：直接运行 setup.exe 进行安装，按照安装程序的提示信息逐步运行安装程序。卸载由 Windows 开始菜单进入程序，然后用鼠标左键单击空调负荷预测系统下的卸载负荷预测即可。

（3）负荷预测软件基本使用方法

① 使用前准备：FUZZY 是根据以往的运行数据来对未来负荷进行预测的，因此，为使预测更准确，需要至少有 10d 的运行数据，数据文件格式为####-##-##.daq，####-##-##代表年一月一日，文件内应有如下参数："日期、时间、流量、室外温度、送水温度、回水温度、剩余冰量、末端总负荷"，其中日期格式为"####-##-##"，时间格式为"##-##"，其余数据为浮点型，单位分别为 m^3/h、℃、℃、℃、RT·h、RT·h。

② 为使 FUZZY 尽快掌握负荷变化规律，初始数据（尤其是第一天数据）不得有不正常数据，且应该能基本反映负荷变化的规律（由于 FUZZY 自动对工作日与非工作日作了分别处理，因此，工作日和非工作日的第一天数据都应具有代表性）。如果第

一天的数据不具有代表性，那么应将该日数据移出原始数据文件夹。软件运行一段时间后，软件就能自动识别出非正常数据。

③ 启动负荷预测软件：鼠标左键双击图标或由 Windows 开始菜单进入程序，然后鼠标左键单击空调负荷预测系统下的负荷预测即可运行 FUZZY 软件，如图 4.3.14 所示。

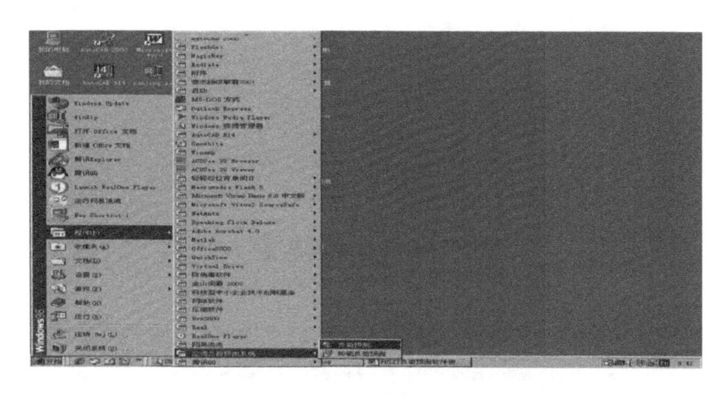

图 4.3.14　如何启动 FUZZY

④ 系统的初始设置：由下拉菜单“设置→系统设置”进入，或从右边的“配置工具→系统设置”进入。系统设置内包括三个子设置，分别是“系统流程”“主要设备”与“设计负荷”，根据提示，对各项目进行选择或输入相应数据，如图 4.3.15 所示。

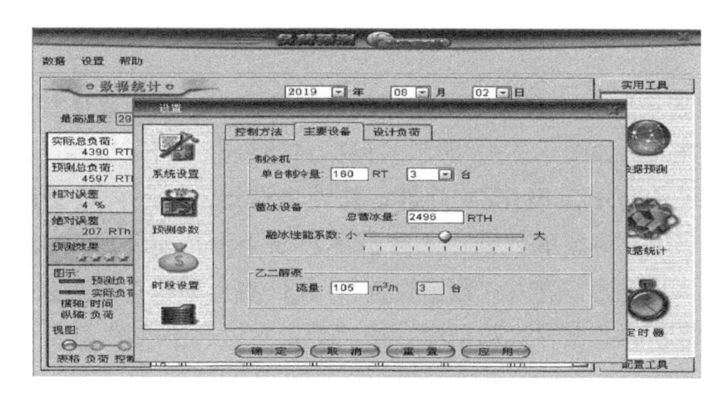

图 4.3.15　系统设置界面

⑤ 预测参数设置：由下拉菜单“设置→预测参数设置”进入，或从右边的“配置工具→预测设置”进入，如图 4.3.16 所示，拖动各参数上的滑条可以改变各预测参数，不同的预测参数将得到不同的预测效果。对于初期使用者，建议不要改变原设定值（使用默认值）。

⑥ 电价设置：由下拉菜单“设置→时段电价设置”进入，或从右边的“配置工具→系统设置→电价设置”进入，如图 4.3.17 所示。将当地电价输入相应的时段内，鼠标左键选中表中时段，然后按“箭头”按钮将各时段分别放入高峰时间段、平峰时间

段或低谷时间段。

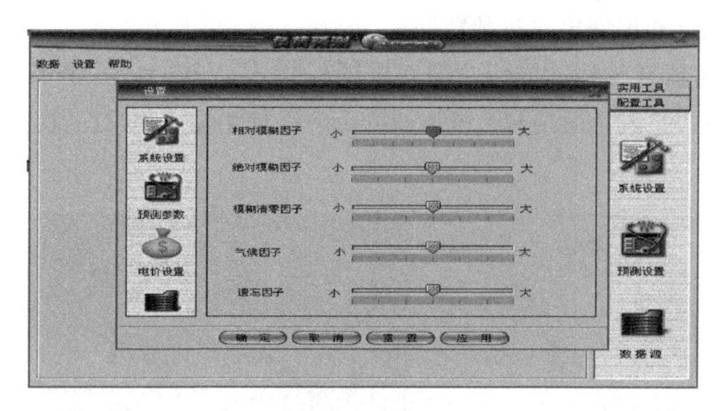

图 4.3.16　预测设置

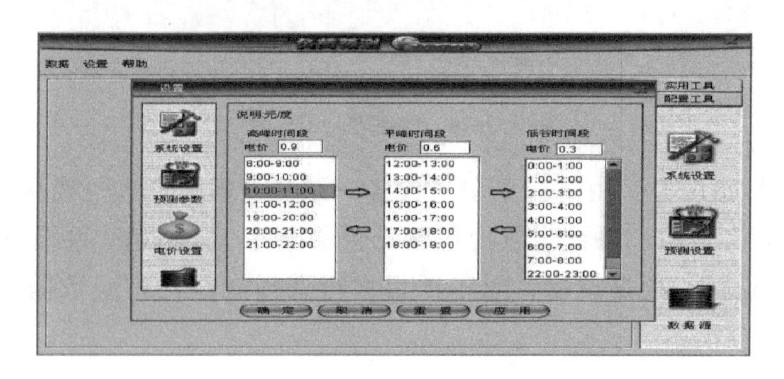

图 4.3.17　电价设置

⑦ 数据源设置：由下拉菜单“设置→数据源设置”进入，或从右边的“配置工具→数据源设置”进入，如图 4.3.18 所示，鼠标左键单击“目录选择”按钮选择原始数据所在目录。如果长期开启 FUZZY 软件，软件将在指定时间内检查原始数据目录中是否有新的数据产生并将新的数据存入数据库；如果不长期开启 FUZZY 软件，在启动后，由下拉菜单“数据”进入“数据检查”，软件将自动检查原始数据目录中是否有新的数据产生并将新的数据存入数据库。按“确定”返回主菜单。

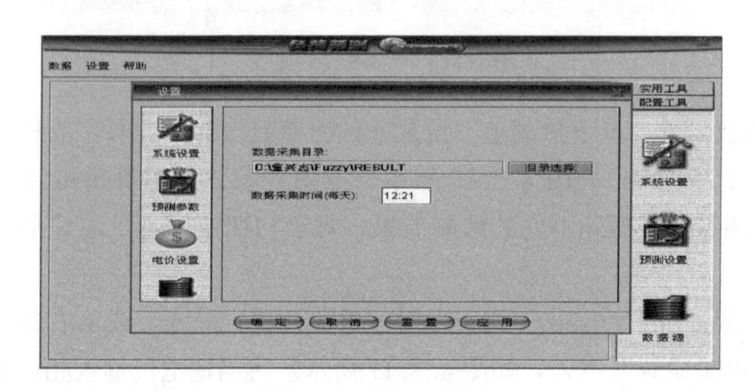

图 4.3.18　数据源设置

⑧ 数据检查：所有初始设置完毕，由下拉菜单“数据”进入“数据检查”，如果原始数据目录下有新的数据尚未导入软件内的数据库，则会出现如图 4.3.19 所示页面。如果原始数据目录下所有数据都已导入软件内的数据库，则会出现如图 4.3.20 页面。

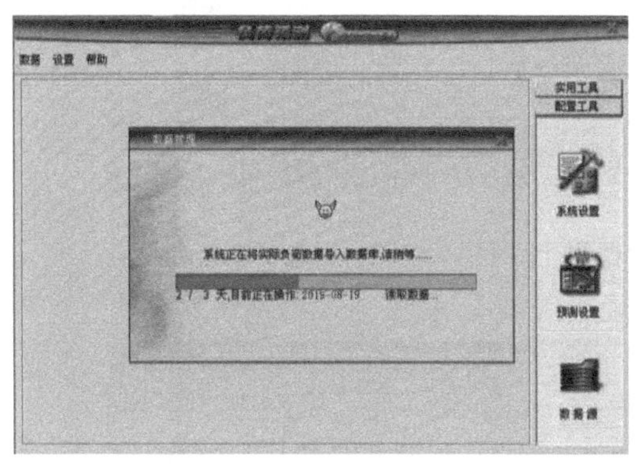

图 4.3.19 数据检查 1

图 4.3.20 数据检查 2

当新的数据导入完成后，软件会提示输入新导入数据日的最高温度、最低温度、当日类型（普通日或双休日）、当日人数，以便补充预测数据，如图 4.3.21 所示。表格中已经填写了各项的默认值，如果不需改动，直接按“确认”键即可；如果需要改动，则输入相应温度和选择相应类型和人数。

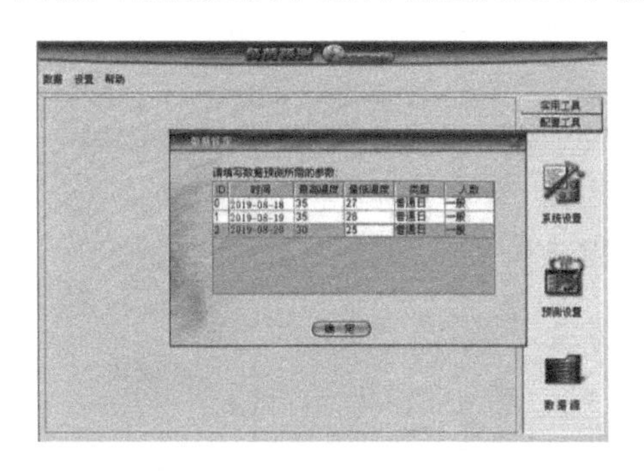
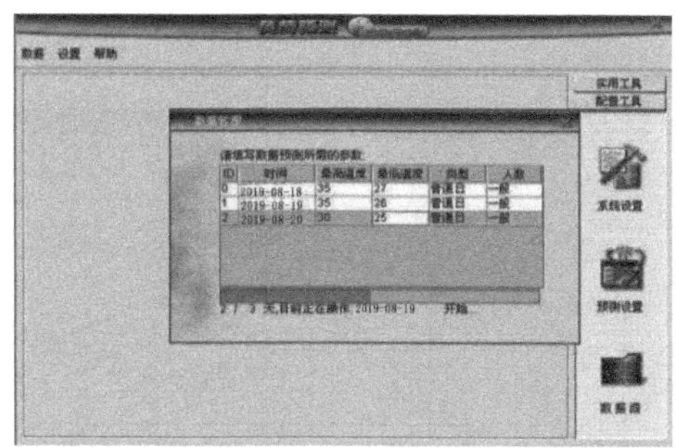

图 4.3.21 批量预测

⑨ 数据统计：由下拉菜单“数据→数据统计”进入数据统计页面，或从右边的“实用工具→数据统计”进入，选择相应的年、月、日，按“查询”按钮可以查询当日的实际负荷和预测负荷，如图 4.3.22 和图 4.3.23 所示。页面左下角为图表切换开关，可以分别以图或表的方式查询实际负荷和预测负荷。

⑩ 负荷预测：由下拉菜单“数据→数据预测”进入数据预测页面，或从右边的“实用工具→数据预测”进入。按照提示输入第二天的最高气温、最低气温，选择日期类型和预计人数。对于人数变化不大的建筑，建议不要改变人数，使用默认值“一般”，输入完成后按“预测”键即可；当发现输入错误，希望重新预测时，按“重置”键，如图 4.3.24 所示，重新输入参数，即可重新预测。

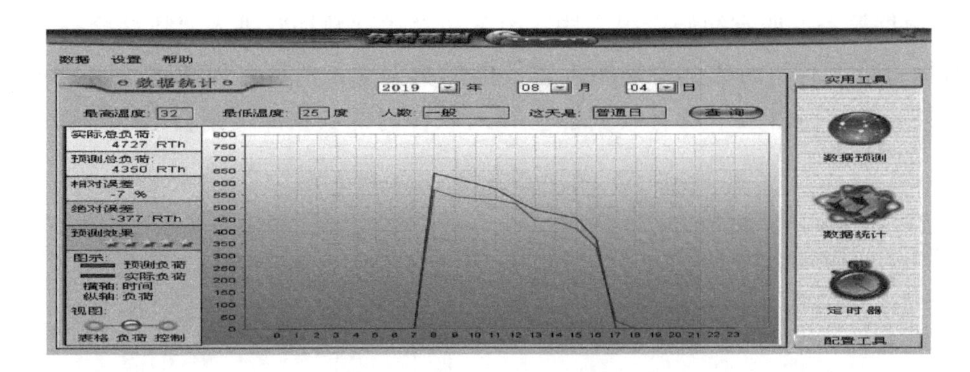

图 4.3.22　数据统计图

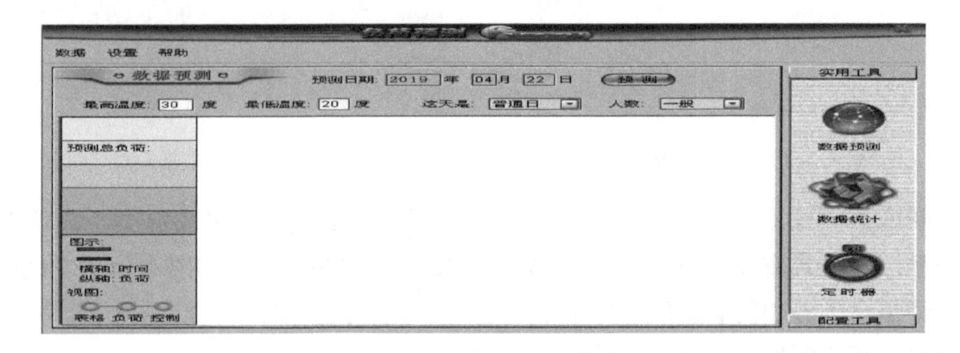

图 4.3.23　数据预测界面

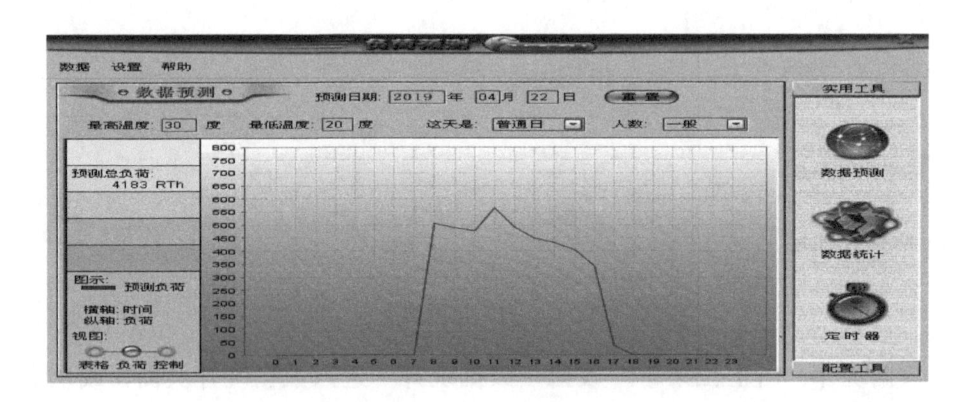

图 4.3.24　重新预测界面

（4）高级使用秘诀

通过改变预测设置，可以使预测达到更好的效果，以下分别介绍各预测因子的含义及其对预测结果的影响。

① 相对模糊因子：表示参考天（与预测日相同类型且离预测日最近的一天）的实测负荷与预测负荷相对偏离程度对参考天实测值可信度影响的大小，如果相对模糊因子小，则多数时刻实测值的可信度较小，反之，多数时刻实测值的可信度较大。其作

用是：当相对模糊因子较小时，其优点是预测较稳定，受实测负荷因各种偶然因素带来的不稳定影响较小。其缺点是，预测反应比较迟钝，如大楼有部分区域新开业，负荷大幅度上涨，软件会误认为这是偶然因素引起的，要经过较长一段时间才能与实际负荷相符。当相对模糊因子较大时，其优缺点正好与相对模糊因子较小时相反；当相对模糊因子最大时，软件失去模糊功能，这时预测对实测负荷的反应非常灵敏，预测波动很大，比如前一天上午停电造成实测负荷为 0，那么后一天上午的预测负荷可能会大大偏小。

② 绝对模糊因子：表示参考天（与预测日相同类型且离预测日最近的一天）的实测负荷与预测负荷绝对偏离程度对参考天实测值可信度影响的大小。其对预测的影响与相对模糊因子基本一致。

③ 模糊清零因子：模糊预测的结果是通过一系列的复杂运算计算出来的，必然会在某些时刻出现一些很小的负荷甚至小于 0 的负荷，而这些时刻实际上是没有负荷的。为了预测能够更好地指导运行，软件将这些极小的负荷清零。模糊清零因子小可能会失去清零作用，反之可能把不应该清零的清零。软件根据实际经验设定了默认值，一般不需改变。

④ 气候因子：表示天气情况对负荷影响的大小。气候因子越大，天气对负荷的影响越大，反之亦然。软件设定的默认值适合于大多数建筑物，通常不需改变。如果通过长时间的观察发现预测对天气变化反应迟钝或过敏，可以适当增大或减小气候因子。

⑤ 遗忘因子：表示参考天（与预测日相同类型且离预测日最近的一天）的实测负荷完全可信时参考天负荷对预测日负荷影响的大小。遗忘因子越大，参考天实测负荷对预测日预测负荷的影响越大，反之越小。

6）负荷预测软件的应用

本软件经改造后已试用于某水蓄冷空调工程，并取得了较好的效果。图 4.3.25～图 4.3.36 为该水蓄冷空调工程从 2019 年 7 月 24 日到 8 月 4 日实际负荷与预测负荷的对比图。图 4.3.37、图 4.3.38 为该水蓄冷空调工程从 2019 年 8 月 1 日、8 月 2 日优化控制运行策略图。

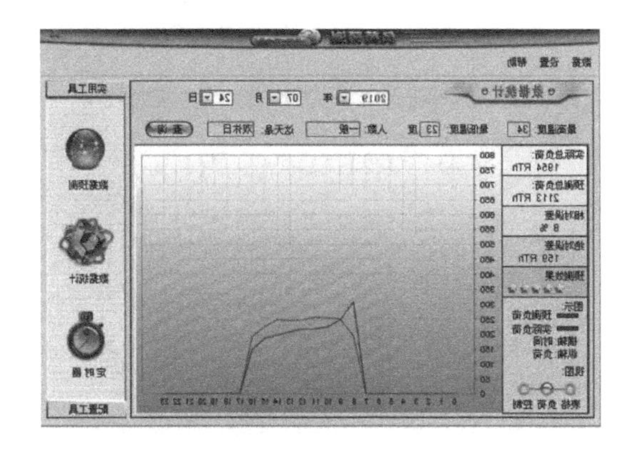

图 4.3.25　2019 年 7 月 24 日运行策略

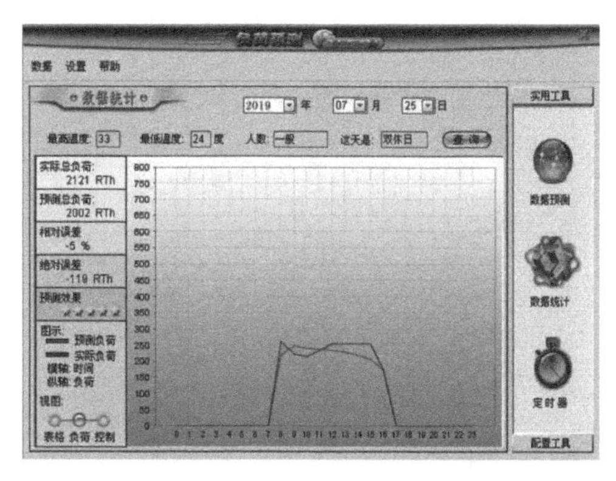

图 4.3.26　2019 年 7 月 25 日运行策略

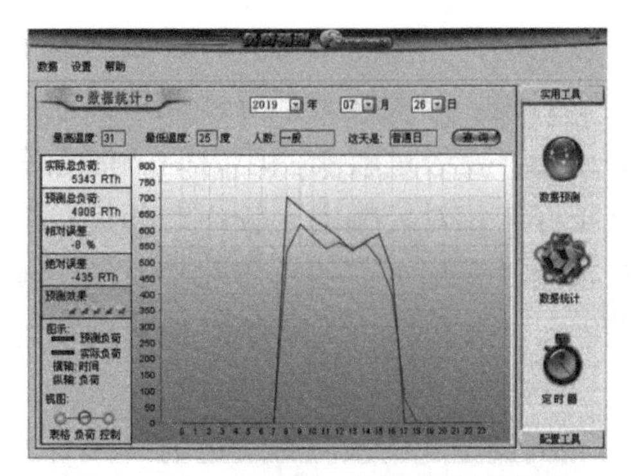

图 4.3.27　2019 年 7 月 26 日运行策略

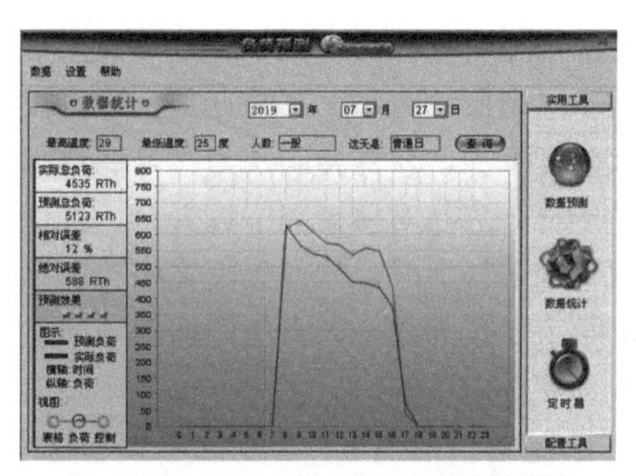

图 4.3.28　2019 年 7 月 27 日运行策略

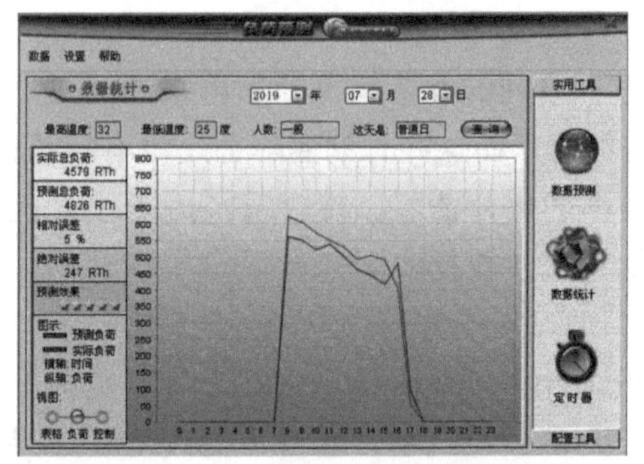

图 4.3.29　2019 年 7 月 28 日运行策略

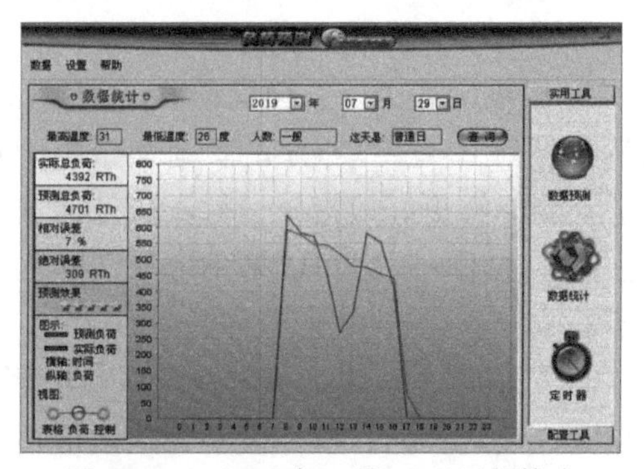

图 4.3.30　2019 年 7 月 29 日运行策略

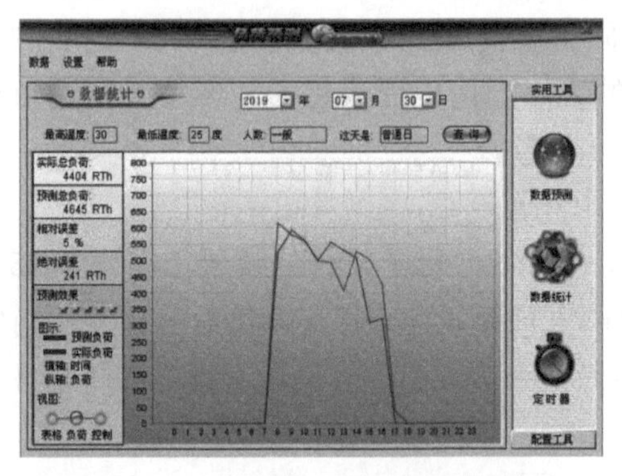

图 4.3.31　2019 年 7 月 30 日运行策略

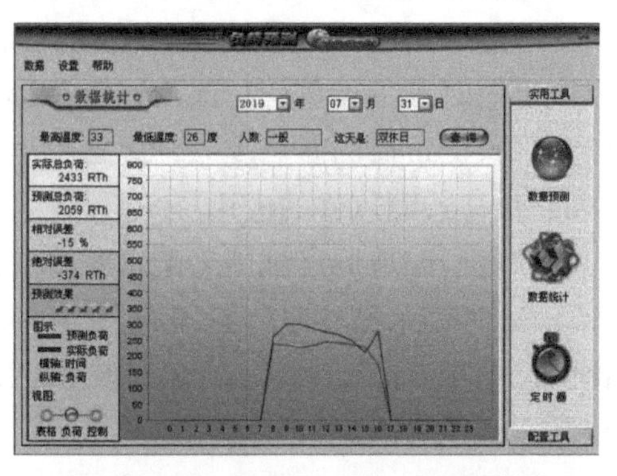

图 4.3.32　2019 年 7 月 31 日运行策略

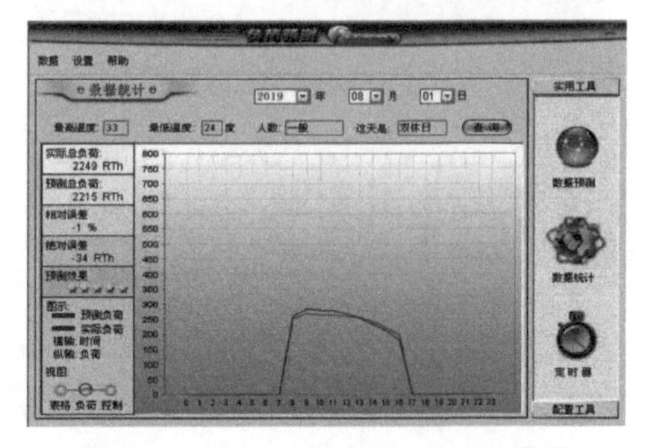

图 4.3.33　2019 年 8 月 1 日运行策略

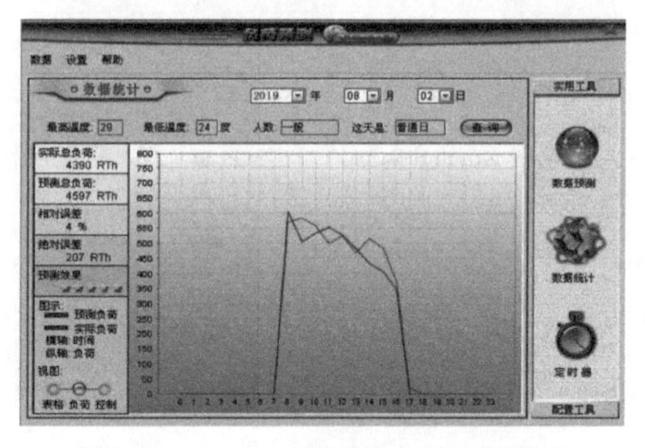

图 4.3.34　2019 年 8 月 2 日运行策略

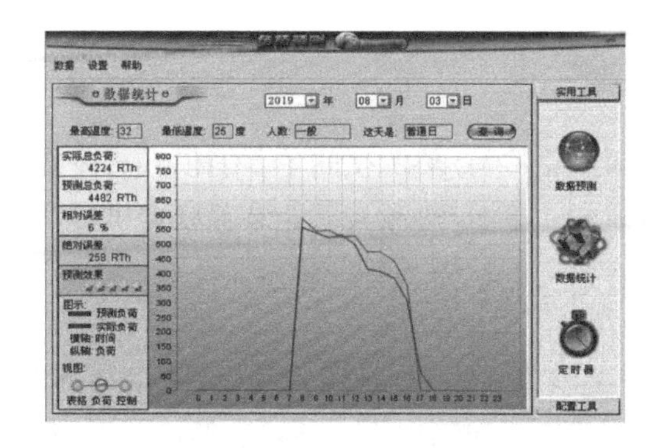

图 4.3.35　2019 年 8 月 3 日运行策略

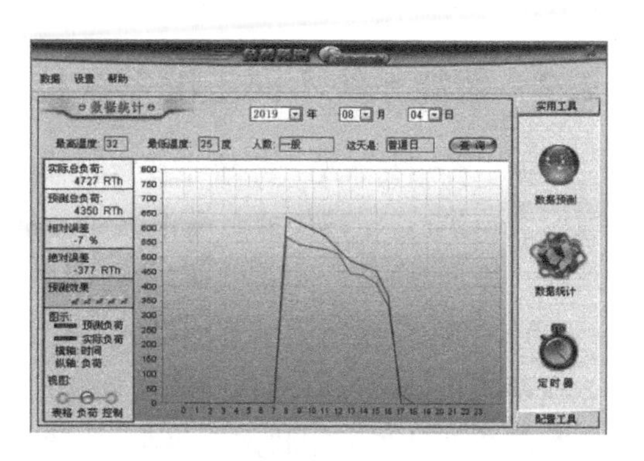

图 4.3.36　2019 年 8 月 4 日运行策略

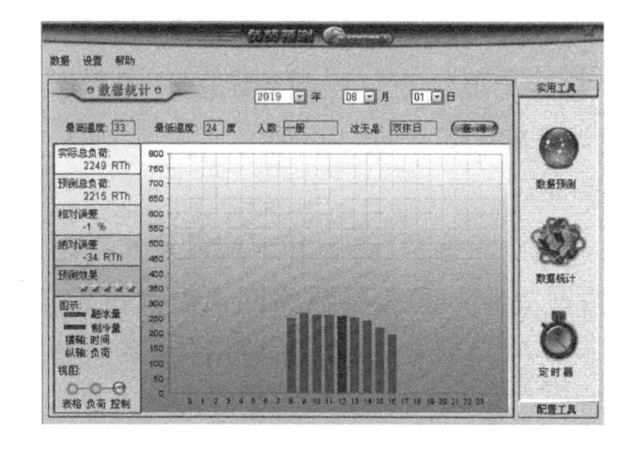

图 4.3.37　2019 年 8 月 1 日运行策略

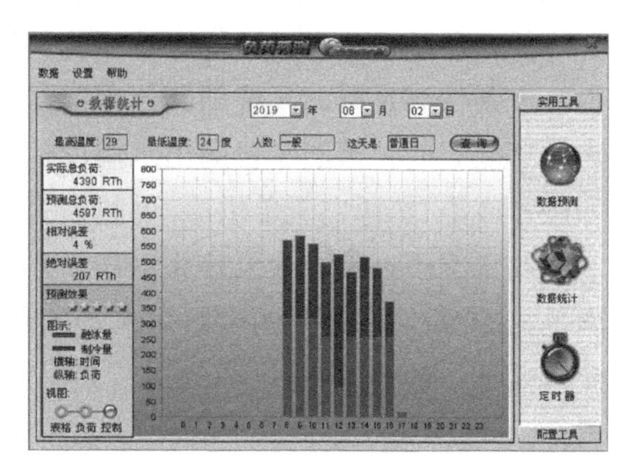

图 4.3.38　2019 年 8 月 2 日运行策略

4.4　蓄能自控系统设计

4.4.1　自控目的

自控系统通过对制冷主机、电锅炉、蓄能装置、板式换热器、水泵、冷却塔、系统管路调节阀进行控制，调整蓄能系统各应用工况的运行模式，使系统在任何负荷情况下均能达到设计参数并以最可靠的工况运行，保证空调的使用效果。同时在满足末端空调系统要求的前提下，整个系统达到最经济的运行状态，即系统的运行费用最低。

蓄能自控系统主要受控设备见表 4.4.1。

蓄能系统主要受控设备表　　　　**表 4.4.1**

受控对象	数量	受控对象	数量
制冷主机	n	水泵	n
电锅炉	n	附属设备	n
蓄能设备	n	动力柜	n
冷却塔	n	电动阀	n
板式换热器	n	传感器	n

4.4.2 蓄能系统不同工况系统控制策略

根据工程运行策略，系统主要运行模式有五种：冷源/热源夜间单蓄能模式；冷源/热源白天单供冷/供热模式；蓄能装置单放能模式；冷源/热源与蓄能装置联合供冷/供热模式；冷源/热源夜间蓄能兼供冷/供热模式。

（1）冷源/热源夜间单蓄能模式

在蓄能系统中，电动阀门调整到相应的开关状态，冷源/热源直接供冷/供热环路上的阀门全部处于关闭状态，将冷/热源与蓄能装置之间隔离成一个蓄能循环。夜间蓄能工况下，冷/热源的出水温度切换到蓄能设定温度。在此工况下，冷源/热源的效率略有降低，但是与节省的运行电费相比可以忽略不计。蓄能结束有如下两个判断依据，其中一个条件满足时，系统即判断蓄能结束，蓄能工况结束：控制系统的时间程序指示为非蓄能时间；蓄能装置的出水温度达到设计蓄能结束温度（可调）。

（2）冷源/热源白天单供冷/供热模式

在此工况下，蓄能水泵停止工作，末端负荷完全由冷源/热源和末端循环水泵运行来满足，冷源/热源开启的台数由末端的负荷情况决定，目标参数为回水温度设定值。在此模式下，调整冷源/热源的运行负荷以及水泵的频率和电动阀的开启度来达到节能运行。

（3）蓄能装置单放能模式

在此工况下，冷源/热源都停止运行，仅开启放能水泵和末端循环水泵，建筑所需负荷完全由蓄能装置提供，通过调整水泵的频率和电动阀的开启度来达到节能运行的目的。

（4）冷源/热源与蓄能装置联合供冷/供热模式

在此工况下，末端负荷由冷/热源与蓄能装置共同满足，冷/热源开启的台数根据负荷情况来定，开启的冷/热源设备满负荷运行，不足负荷由蓄能装置提供。在运行中，蓄能装置和板式换热器的电动阀根据蓄能装置提供的负荷量和末端负荷的变化调节，放能水泵根据供回水压差变频调速运行，保证板换二次侧的出水温度达到设计值。

（5）冷源/热源夜间蓄能兼供冷/供热模式

夜间蓄能时段，建筑仅有值班负荷，负荷很小，单独设置一套冷源/热源不经济时，蓄能时段系统在冷/热源蓄能兼供冷/供热模式下运行。冷源/热源在满足建筑负荷的前提下，剩余的冷量/热量储存在蓄能装置中，蓄能结束有如下两个判断依据（其中一个条件满足时，系统即判断蓄能结束，蓄能工况结束）：控制系统的时间程序指示为非蓄能时间；蓄能装置的出水温度达到设计蓄能结束温度（可调）。

4.4.3 蓄能控制系统其他控制功能

（1）系统的启停顺序控制

系统的启停顺序除考虑设备的保护外，还应充分利用冷源/热源停机后管道系统中的冷量/热量。

冷源开启顺序：阀门调到相应的工况状态——冷却水泵——冷却塔——冷冻水泵——乙二醇泵——主机。

冷源停机顺序：主机——冷却塔——冷却水泵——冷冻水泵——乙二醇泵——阀门调到相应的工况状态。

热源开启顺序：阀门调到相应的工况状态——蓄热水泵——放热水泵——热水循环水泵——热源。

热源停机顺序：热源——蓄热水泵——放热水泵——热水循环水泵——阀门调到相应的工况状态。

（2）负荷预测及优化控制功能

控制系统可以根据安装于上位机操作站内的负荷预测软件对第二天的逐时负荷进行预测（需要数天的原始数据支持），再由优化控制软件确定第二天系统每个时段的运行模式，控制系统具备根据时间和需要自动转换运行模式的功能：如果预测负荷与实际负荷之间存在差异，控制系统可以自动调整运行方式并进行纠偏。

（3）设备运行时间均等控制

整个系统的使用寿命是组成系统的各设备寿命集合中的最小值，因此要延长蓄能中央空调系统的整体运行寿命，必须尽量延长系统内各设备的使用寿命，并避免多台同类设备中的小部分长期处于超负荷状态而其余设备却处于待命或很少投入运行的状态。系统群控的一个重要目标就是保证系统多台同类主要设备的运行时长基本相当。为实现此目的，控制系统通过时间继电器来进行程序控制并记录主要设备的运行时间，对各台同类设备的不同运行时间进行排序；在主要设备进行运行台数调整的时候，根据顺序决定主要设备的投入或切出。

（4）系统运行历史数据归档及追溯管理

控制系统对一些监测点进行整年趋势记录，如整年的负荷情况（包括每天的最大负荷和全日总负荷）和设备运转时间，以表格和图表形式提供给使用者。所有监测点和计算数据均能自动定时打印。

（5）全自动运行

系统可脱离上位机工作，根据时间表，自动进行蓄能和控制系统运行、工况转换，对系统故障进行自动诊断，并向远方报警。触摸屏显示系统运行状态、流程、各节点参数、运行记录、报警记录等。

（6）节假日设定

空调系统根据时间表自动运行；同时可预先设置节假日，系统在节假日对不需要供应空调的系统停止供冷，控制储冷量和储冷时间。

（7）系统主要监控功能

控制系统按编排的时间顺序，结合负荷预测软件，控制制冷主机、电锅炉及外围设备的启停数量，监视各设备工作状况与运行参数，如：

控制制冷主机的启停和工况转换，显示制冷主机运行参数和运行状态、制冷主机水位和压力保护，制冷主机出现故障时发出报警信号，记录制冷主机的运行时间。

控制电锅炉的启停和工况转换，显示电锅炉运行参数和运行状态、电锅炉水位和压力保护，电锅炉出现故障时发出报警信号，记录电锅炉的运行时间。

控制水泵的启停，控制水泵的运转频率，显示水泵运行参数和运行状态，水泵出现故障时发出报警信号，记录水泵的运行时间。

控制冷却塔风机的启停，显示冷却塔运行参数和运行状态，冷却塔风机出现故障时发出报警信号，记录各台风机的运行时间。

显示电动阀的开启状态和运行状态，电动阀出现故障时发出报警信号（电动阀具有手自动转换功能）。

显示蓄能设备的供回水压力和温度，显示蓄能系统的流量，显示蓄能设备的存储能量值。

显示板式换热器的开启状态和运行状态，显示其供回水压力和温度。

显示末端供回水的压力和温度，显示供回水压差并调整其设定值，显示末端流量。

显示室外温度和湿度，并根据其变化自动优化运行策略。

主要备用设备（主机、电锅炉、水泵）选择，系统运行参数设置。

触摸屏控制时间表选择、设置，上位机控制时间表选择、控制。

运行数据存储，运行电费统计。

4.5 蓄能自控系统操作

4.5.1 准备工作

检查水泵等设备前后的手动阀门是否打开。

检查冷/热源设备前后的手动阀门是否打开。

检查蓄能装置前后的手动阀门是否打开。

检查板换前后的手动阀门是否打开。

检查电动阀是否已调到自动状态。

检查各设备的压力表的阀门是否打开。

检查各排气阀的阀门是否打开。

检查系统压力是否正常。

检查蓄能装置的水位是否正常。

检查定压系统是否正常。

检查动力柜内的空气开关是否合上。

检查变频器是否正常。

检查动力柜内的供电电源是否正常。

检查控制柜内的供电电源是否正常。

检查操作面板是否正常。

检查外部动力设备是否正常。如水泵电流是否超出铭牌上额定电流，主机电流是否异常。

检查所有控制柜电源电压是否正常，各转换开关是否处于“自动”状态。电动阀开关是否正常，电动阀是否在“AUTO”位置。

检查各设备是否正常运行，检查电流电压情况。

系统在正常工作时，不应切断系统柜电源，否则会造成系统紊乱。

检查冷却塔内的水位是否已至正常水位，冷却塔的补水是否正常。

4.5.2 运行检查

系统在运行时应经常检查各设备的运转情况，如电压、电流、液位、压力、温度等参数是否正常，发现异常，可能引起事故的，应马上终止系统运行。

当某设备发生故障后，应马上分析故障的原因，在找到事故原因之前，不能再次启动系统。直到故障解除并确认不会由于再次启动系统而发生同样的故障，才能重新启动。

定期排污。水系统需定期打开一次排污阀，进行必要的排污。

每个月一次对二次线路进行紧固，对接触器上的螺钉进行紧固。动力柜及控制柜也需要经常检查及紧固螺钉，紧固螺钉前需断电。

4.5.3 触摸屏操作

1）手动操作

当自控系统完全瘫痪不能正常运行，调试人员又不能马上赶到现场，而系统必须运行时，为临时应急，可人工进行手动操作，此时系统控制柜的电源应关闭。

手动操作前必须结合系统流程图，在十分清楚整个系统流程的前提下手动开关电动阀、水泵、冷/热源设备。

所有水泵设备手动运行操作均可在相应的动力柜面板上进行：将相应的转换开关旋至“手动”位置，然后按“启动”即可启动水泵，按“停止”即可停止水泵。正常情况下转换开关应置于“自动”位置，此时“启动”和“停止”按钮无效。

冷源/热源设备操作详见操作说明。

电动阀自带手轮，手动开、关阀门只需直接旋转手轮，顺时钟为关，逆时钟为开。

2）触摸屏操作

（1）清洁屏幕

使用湿布对操作单元定期进行清洁，但不能在设备打开电源时清洁。只能使用水和冲洗液或屏幕清洁剂来打湿擦布，不能将清洁剂直接喷射到屏幕上。

（2）操作方式

在触摸屏上可完成对系统的设置，又可实现对系统的自动管理和监视。触摸屏的操作权限优先，级别最高，即无论在何种情况下对触摸屏进行操作，PLC 可编程控制器均能接受触摸屏送来的指令。

当触摸屏启动完毕后会显示初始画面，如图 4.5.1 所示。

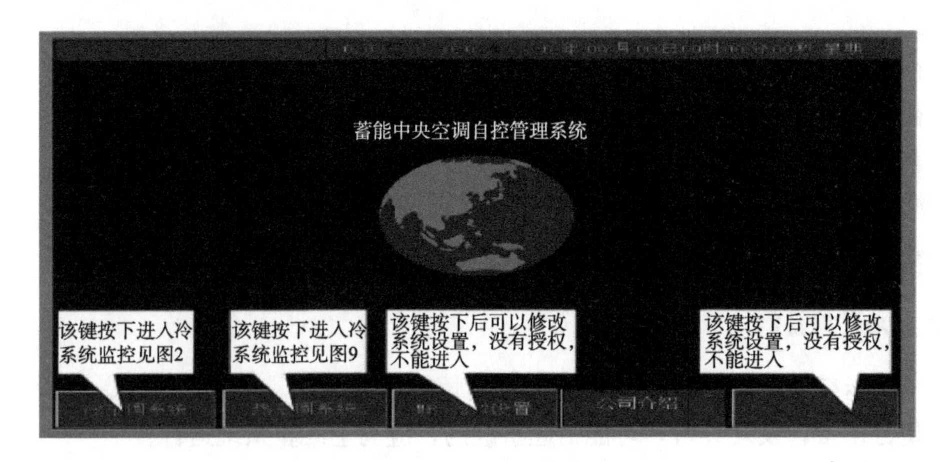

图 4.5.1　触摸屏初始画面

在初始画面中，有“冰蓄冷空调系统”“热空调系统”“MP277 设置”和“口令处理”等键可供选择。“冰蓄冷空调系统”为夏季供冷空调使用；“热空调系统”为冬季供暖空调使用；“MP277 设置”可设定触摸屏的日期和时间、亮度、声音大小等；“口令处理”可修改进入系统的密码，方法是在编辑栏输入新口令。

为防止非操作人员擅自修改参数，上位机和触摸屏设置登录名和密码，若需要在上位机和触摸屏上修改参数需先登录然后才能修改。

(3) 冰蓄冷空调系统功能

在初始画面中，按“冷空调系统”，进入冷空调系统工作画面，如图 4.5.2 所示。

图 4.5.2　空调系统工作界面

进入冷系统运行状态图可监视电动阀、温度、压力、水泵，主机和执行器件状态与相关参数，整套操作系统为中文界面。屏幕下行的按键为可操作元件，有“系统监控”“参数设置”“时间表”“参数显示”“故障信息”等键可供选择。

①“常规主机系统”

该键按下是常规主机冷冻水系统的流程图，可以监控冷冻泵和常规主机冷冻水系统的电动阀、水泵、主机的运行状态（开启时设备显示绿色，停止时显示黑色，设备故障时触摸屏上跳出报警信息，上位机上设备显示红色）和各个温度监控点的实际温度。

②“冰蓄冷系统”

该键按下是蓄冰系统和一次冷冻泵系统的流程图，可以监控乙二醇和一次冷冻水系统的电动阀、水泵、主机的运行状态和各个温度监控点的实际温度（图 4.5.3）。

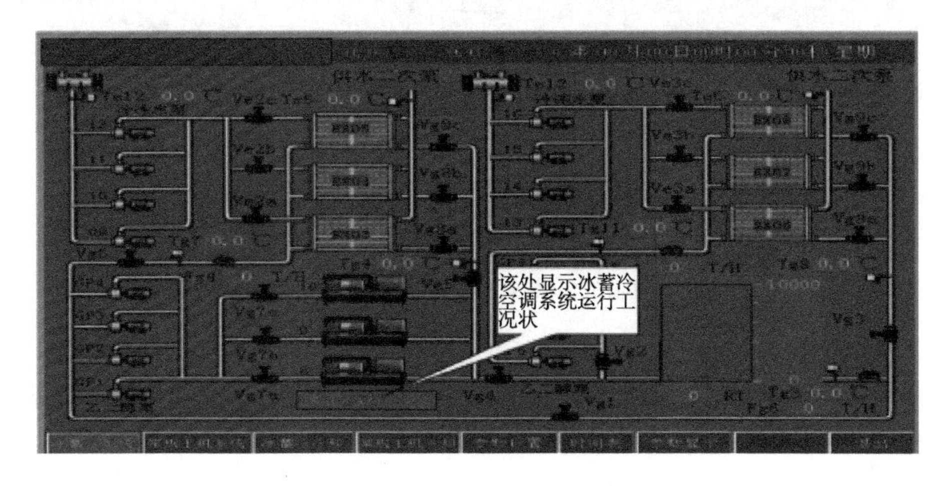

图 4.5.3　冰蓄冷系统工作界面

③“冰蓄冷冷却”

该键按下是双工况主机及相关的冷却水泵，还有全部的冷却塔的系统流程图，可以监控冷却水系统的电动阀、水泵、主机及全部的冷却塔的运行状态（开启时设备显示绿色，停止时显示黑色，设备故障时触摸屏上跳出报警信息，上位机上设备显示红色，显示绿色为水泵在自动状态）和各个温度监控点的实际温度（图 4.5.4）。

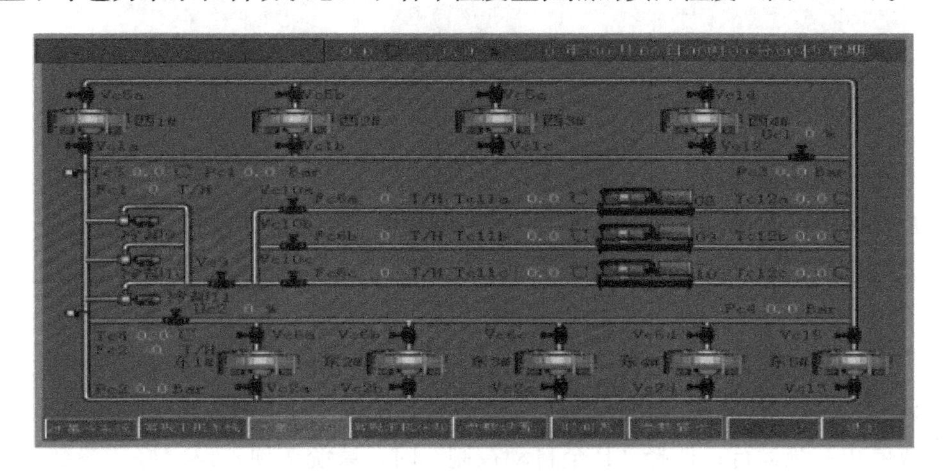

图 4.5.4　冰蓄冷冷却系统工作界面

④“常规主机冷却”

该键按下是常规主机及相关的冷却水泵、冷却塔的系统流程图，可以监控冷却水系统的电动阀、水泵、主机及冷却塔的运行状态和各个温度监控点的实际温度（图 4.5.5）。

图 4.5.5 常规冷却系统工作界面

⑤“参数设置”

点击“参数设置”键，进入参数设置画面（图 4.5.6）。当冷却系统需要运行时，操作人员必须在参数设置中进行有关的设置。

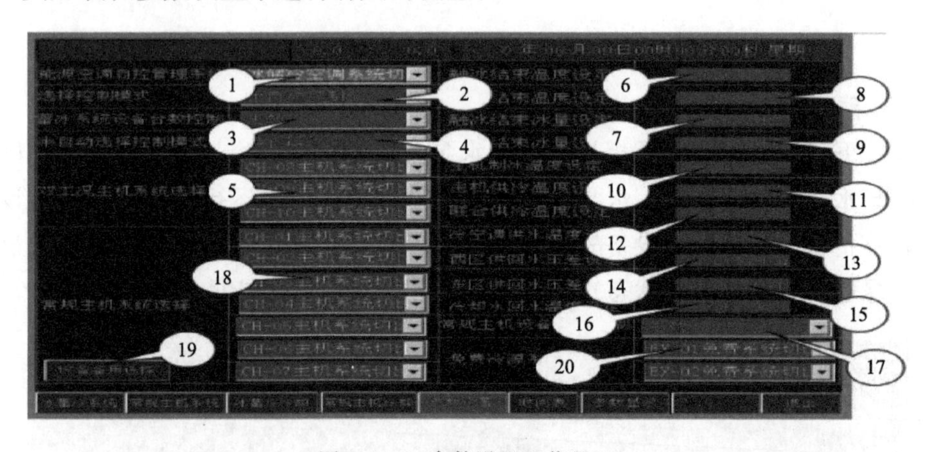

图 4.5.6 参数设置工作界面

用户必须选择蓄冰系统是否运行。若选择切出，系统自动停机（该处设定是在供冷期开始时选择投入，在供冷期结束时选择切出）。一般正常运行时不能通过该处停机。

用户可以选择系统控制方式（共两种：A 与 B），一般由用户自己选择确定。系统自己默认“半自动控制”，当用户选择“A 半自动方式”时，每次均由操作人员选择工况启动或停止系统运行；选择“B 全自动控制”时，系统按预先设定好的参数（时间、工况）自动运行，无须人工干预。

蓄冰系统台数控制，用户可根据实际情况选择该功能是生效还是失效。如果失效，用户可以自由选择要运行的主机系统，但是在失效模式下，系统至少需要有一个主机系统是在运行状态。如果台数控制生效则系统自动启动全部的主机系统，设备自动根据实际情况加载或者减载。

选择希望运行冰蓄冷系统中的工况或停止运行，即可启动或停止冰蓄冷空调系统。用户选择半自动控制方式时可以在此处控制冰蓄冷系统工况的切换。如果选择了停止运行模式，则需要等设备完全复位后才能再次选择其他的工况运行。

融冰结束温度设定，系统根据该温度设定值判定蓄冰槽是否融冰结束，通常该值设定为8℃（可调）。

融冰结束的冰量一般为100RT·h。

融冰工况及联合供冷工况运行时，系统自动采集实际值和上面两个设定值进行比较，如果实际值同时小于上面两个设定值则系统自动延时切换到主机供冷工况。

制冰结束温度设定，用于判定夜间蓄冰槽制冰是否应该结束，一般设为蓄冰槽出口−5℃（盘管材质不同，数值不同，可调）。

蓄冰结束的冰量可根据系统实际运行情况做适当调整。制冰工况运行时，系统自动采集实际值和上面两个设定值进行比较，如果冰槽出口温度实际值有一个大于上面两个设定值，则系统自动延时切换到停机工况。

西区供回水系统供回水压差设定，通过该处压差设定来控制冷冻水泵的频率变化，需要用户根据实际情况来设定末端的供回水压差。

东区供回水系统供回水压差设定，通过该处压差设定来控制冷冻水泵频率变化。需要用户根据实际情况来设定末端的供回水压差。

冷却水回水温度设定：该处设定值和需要开启的冷却塔的回水温度比较，当回水温度大于设定值2℃时则冷却塔风机开启高速，当回水温度大于设定值0.5℃时则冷却塔风机停机。夏季模式时设定温度默认为26℃（可调），冬季需要开启冷却塔风机时则该值需要调整到5℃，风机的加减载同上。

常规主机系统台数控制，用户可根据实际情况选择该功能生效还是失效。如果是失效，用户可以自由选择要运行的常规主机系统；如果生效则系统自动启动常规主机系统，自动根据实际情况加载或者减载。

常规主机系统选择，系统失效状态下可自由选择主机系统运行情况。此时如果选择了主机系统切出则需要在设备完全复位后才能再次选择主机系统投入运行。

设备备用选择，该键按下时进入设备备用选择界面，水泵故障时自动转为备用，或可通过选择进入，轮换使用备用水泵。在该界面中用户还可以通过设置主机系统备用。

免费冷源系统选择用户在常规主机系统没有运行时，在过渡季节或者是冬季可将低温冷却水作为免费冷源。此系统和常规主机系统互锁，开启一个系统则另外一个系统不能使用。

⑥“时间表”

在“时间表控制”运行时用户可进行相关设置。系统分为制冷时间段和供冷时间段：制冷时间段的设置见图 4.5.7 和图 4.5.8。用户必须先设置好周运行时间，才能设置日运行时间。设定好后再选择后面的运行工况，然后选择“投入/切除”，投入后系统自动运行。设置蓄冰时也一样，必须先在周运行时间表内设置好蓄冰时间段，才能在日运行时间内设置当天的运行情况。

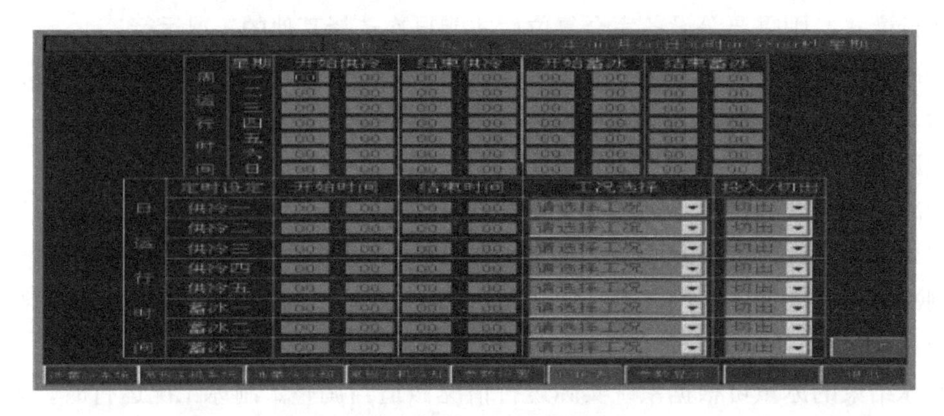

图 4.5.7　冰蓄冷系统时间表设置界面

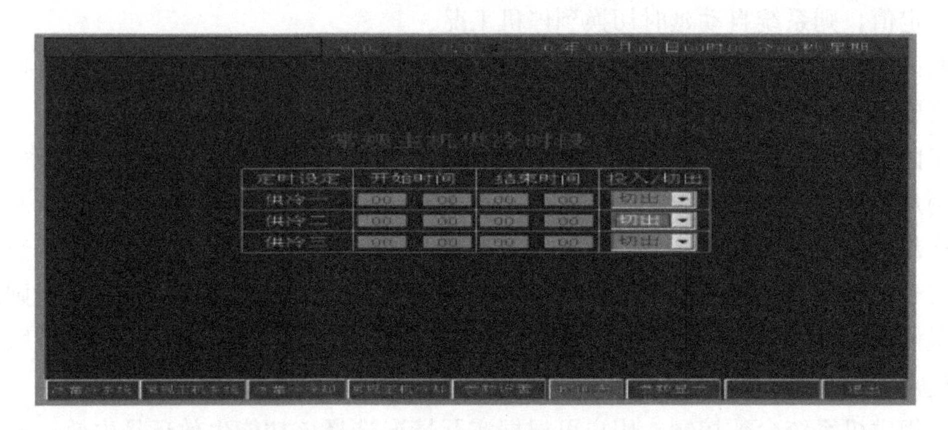

图 4.5.8　常规系统时间表设置界面

用户可以在工况选择这一栏中选择在不同的时间里运行不同的工况，可以根据实际需要修改系统的运行参数。

⑦ 参数显示

点击“参数显示”按键，系统操作员可观察各参数的当前值（图 4.5.9 和图 4.5.10）

4.5.4　上位机操作

上位机操作与在触摸屏上操作基本一致，因为上位机主要功能是对系统进行数据采集、保存和报表等。建议尽量不采用上位机操作，并且上位机必须 24 小时运行，系统监视画面也必须24小时打开（图4.5.11～图4.5.15）。

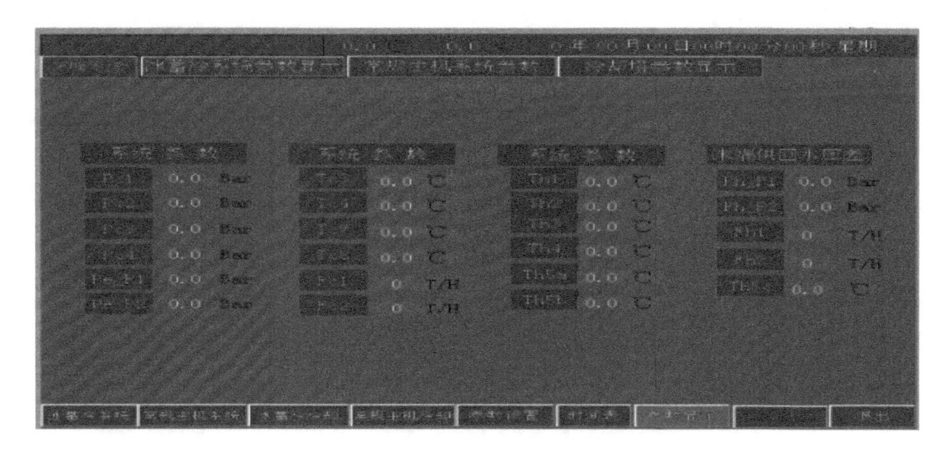

图4.5.9 参数显示界面1

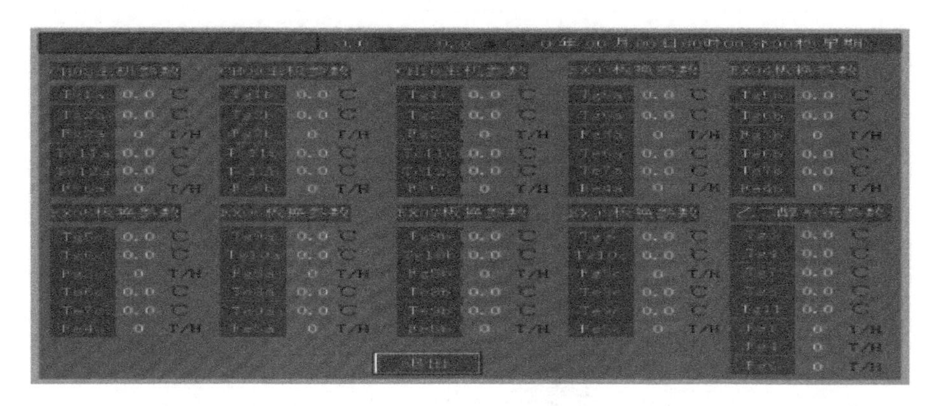

图4.5.10 参数显示界面2

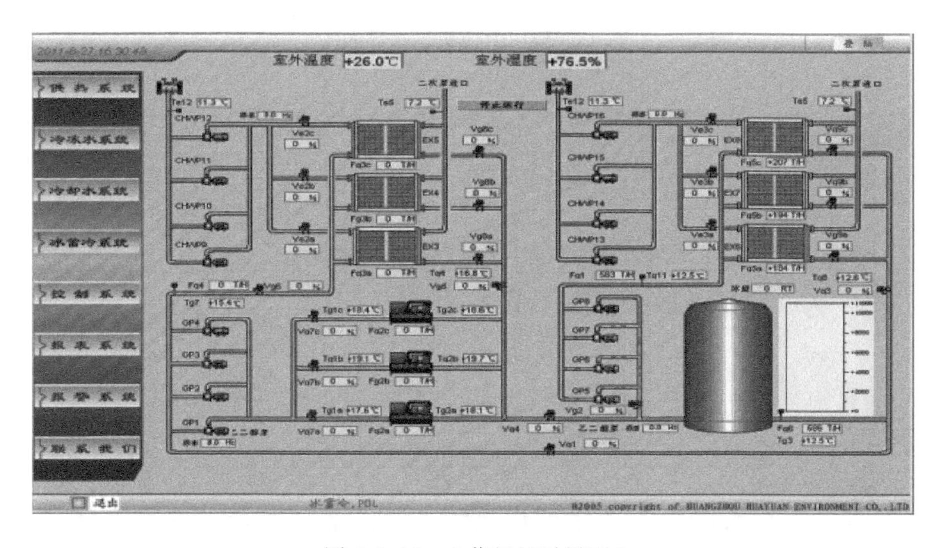

图4.5.11 上位机显示界面1

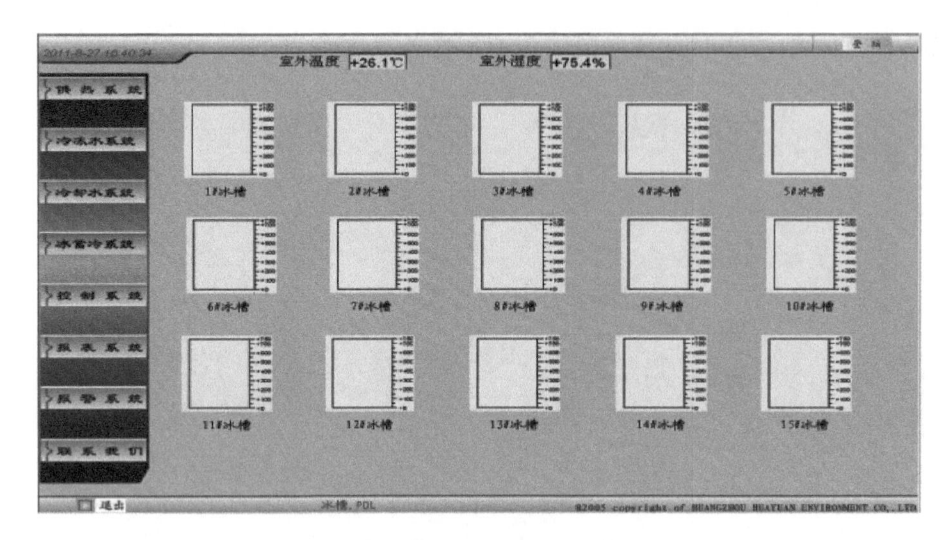

图 4.5.12　上位机显示界面 2

室外温度 +26.0℃　室外湿度 +79.4%

控制系统　冷参数设置　冰蓄冷时间表　常规主机时间表　采暖系统控制　返回

能源空调自控管理系统	冰蓄冷系统切出	融冰结束温度设定	+10.0 ℃
选择控制模式	半自动控制	制冰结束温度设定	-5.0 ℃
蓄冰系统设备台数控制	失效	融冰结束冰量设定	+200 RT
半自动选择控制模式	停止运行	制冰结束冰量设定	+9550 RT
双工况主机系统选择	CH08主机系统切出	主机制冰温度设定	-6.0 ℃
	CH09主机系统切出	主机供冷温度设定	+3.5 ℃
	CH10主机系统切出	主机联合供冷温度设定	+5.0 ℃
常规主机系统选择	CH01主机系统投入	供冷温度设定	+7.0 ℃
	CH02主机系统投入	西区供回水压差设定	2.2 bar
	CH03主机系统投入	东区供回水压差设定	2.2 bar
	CH04主机系统投入	冷却水回水温度设定	+26.0 ℃
	CH05主机系统投入	常规主机设备台数控制	失效
	CH06主机系统投入	常规主机系统备用选择	CH07主机系统备用
	CH07主机系统切出	免费冷源系统选择	EX01免费冷源切出
CHWP01~08冷冻泵备用选择	2#备用		EX02免费冷源切出
CHWP09~12冷冻泵备用选择	12#备用		
CHWP13~16冷冻泵备用选择	16#备用	GP01~04乙二醇泵备用选择	4#备用
CHWP17~20冷冻泵备用选择	20#备用	GP05~08乙二醇泵备用选择	8#备用
CHWP21~24冷冻泵备用选择	24#备用	CWP09~11冷却泵备用选择	9#备用

退出　冷控制.PDL

图 4.5.13　上位机显示界面 3

室外温度 +26.0℃　室外湿度 +75.0%

控制系统　冷参数设置　冰蓄冷时间表　常规主机时间表　采暖系统控制　返回

	星期	开始供冷	结束供冷	开始蓄冷	结束蓄冷
周运行时间	一	7时50分	22时0分	22时0分	7时40分
	二	7时50分	22时0分	22时0分	7时40分
	三	7时50分	22时0分	22时0分	7时40分
	四	7时50分	22时0分	22时0分	7时40分
	五	7时50分	22时0分	22时0分	7时40分
	六	7时50分	22时0分	22时0分	7时40分
	日	7时50分	22时0分	22时0分	7时40分
日运行时间	定时设定	开始时间	结束时间	工况选择	投入/切出
	供冷一	7时50分	11时30分	停止运行	切出
	供冷二	14时50分	17时30分	停止运行	切出
	供冷三	0时0分	0时0分	停止运行	切出
	供冷四	0时0分	0时0分	停止运行	切出
	供冷五	0时0分	0时0分	停止运行	切出
	蓄冰一	0时0分	0时0分	停止运行	切出
	蓄冰二	0时0分	0时0分	停止运行	切出
	蓄冰三	0时0分	0时0分	停止运行	切出

退出　冷时间表.PDL

图 4.5.14　上位机显示界面 4

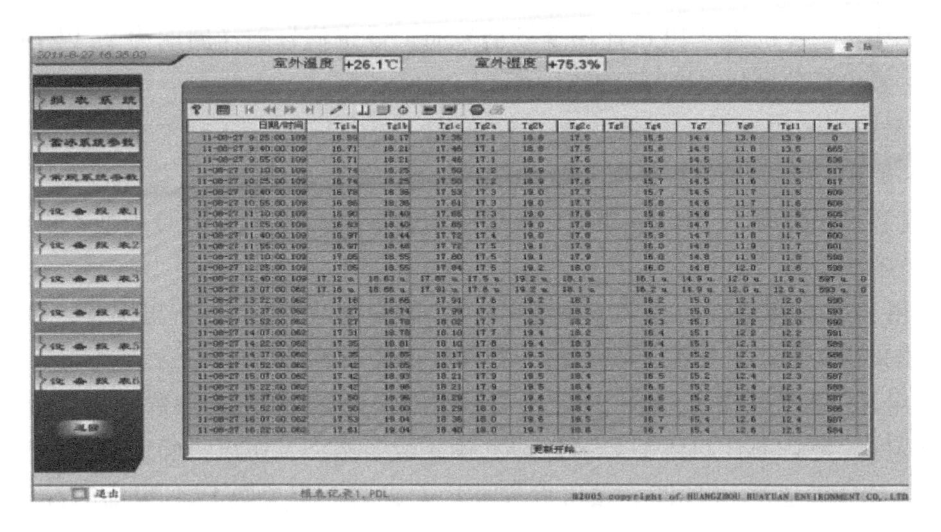

图 4.5.15 上位机显示界面 5

4.5.5 系统故障及排除

1）触摸屏

黑屏：把触摸屏后的电源线取下，检查电压是否为 24V，重新通电后再次启动触摸屏再启动。

参数变“###”：检查通信线是否松动。

死机：断开触摸屏电源，然后重新插上，此时触摸屏会重新启动。

2）PLC

PLC 不能正常控制系统运行，检查电源电压是否为 220V，检查输出电源是否为 24V；检查 CPU 模块上的 SF 指示灯是否亮，若指示灯亮，通知专业人员处理；复位 CPU，让 CPU 打到“STOP”，再打到“RUN”。

3）温度传感器

如果触摸屏上显示的温度与实际的温度值相差很大，或者温度波动很大，可先检查温度传感器接线是否正常，再看温度传感器内电路板是否被凝结水浸泡。若有凝结水，可将温度传感器风干后再看是否恢复，若仍然有问题，则温度传感器需要更换。

4）压力传感器

如果触摸屏上显示的压力与实际的压力相差很大，或者实际值变化时显示值无变化，可先检查压力传感器接线是否正常，再检查压力传感器内是否有异物堵塞。若仍然有问题，则压力传感器需要更换。

5）上位机

当工控机处理经 PLC 传送的现场信号过多时，工控机的 CPU 频率较低，内存又较小，无法同时识别、处理过多的信号，就会因信号“撞车”而造成工控机“死机”。

对策：主要解决途径是降低工控机处理识别现场信号的频率，避免信号“撞车”。

具体方案为：工控机通过 PLC 连接现场信号时，设定信号采样周期为 2s 以上，对变化不大的模拟量信号如温度等可设定 10s 以上。

6）触摸屏无法与 PLC 通信

（1）原因分析：PLC 参数和工程里的参数不一致；通信线没有按照接线图的引脚接线；工程里设置的，COM 口在屏上接线不正确；PLC 程序或 PLC 地址不正确。

（2）解决方法

① 用 PLC 编程软件接上 PLC 测试看 PLC 的参数是多少，工程里设置的参数是否和测试出来的一致；用 PLC 本身通信线和电脑连接，在线模拟看工程是否可以通信。

② 用万用表按照接线图的引脚定义测试接线，查看触摸屏的参数设置，确认 PLC 连接触摸屏的是 COM1 口还是 COM2 口；确定设备类型及协议；确定 PLC 跟触摸屏的连线是 RS485 还是 RS232C；接口参数跟 PLC 站号一定要跟 PLC 里面的设置一致。参数设置好后，接下来排查线路的问题，确认 RS485、RS232C 的接线是否正确。触摸屏与各种 PLC 接线的做法不一样，参照 PLC 与触摸屏通信接法图纸查看，排查通信问题。

③ 在线模拟绕开触摸屏，直接用 PLC 跟电脑进行连接，点击在线模拟功能，排除 PLC 与参数设置的问题。

5 冰蓄冷及电蓄热优化研究

5.1 光管和波节管换热器的冰蓄冷动态传热特性研究

冰蓄冷空调技术是一种相变储能技术。它可以释放冰中储存的冰量，并通过制冷装置向负载端提供制冷能力。其中，内融冰式蓄冰槽是一种广泛应用的蓄冷空调形式：蓄冰盘管放置在蓄冰槽内，蓄冰时低温乙二醇溶液进入盘管，水在盘管外结冰实现蓄冷；融冰时高温乙二醇溶液流过盘管，盘管外的冰由内向外融解。

然而，由于冰的传热系数低，制冷介质和水之间的热阻随着冰的厚度而增加，这一传热特性阻碍了冰蓄冷技术的应用。因此，许多实验和研究都集中在如何改善冰蓄冷系统的强化传热。强化传热技术分为需要机械辅助或静电场的主动技术、不需要外部电源的被动技术和代表两种或更多不同技术组合的复合技术。在上述方法中，被动技术发展得比较全面，应用比较广泛，可以归纳为四类，包括传热面积扩大、导热系数改善、PCM 微胶囊化和金属泡沫。此外还有许多关于动态蓄冰强化换热的研究，如王六民、胡翌等人对冰片滑落式蓄冰进行了研究，张海潮等人对冰浆式蓄冰进行了研究。综合考虑商业成本和性能增益，最常用的技术主要是扩大传热流体和相变材料之间的换热面积以及提高热交换系数，包括插入翅片和采用波节管等。

作为一种新型、高效管壳式换热器，波节管换热器已越来越受到关注。与传统光管换热器相比，波节管换热器具有传热效率高、不易结垢及热补偿能力强等特点。因此，波节管被广泛用于加强传热。许多实验研究了不同的波节管类型。Hu 等人对三种波节管（外波节管、水平波节管和内波节管）的换热特性进行了研究和比较，并讨论了波纹参数对管材热工性能的影响，发现波形破坏了边界层发展，增强了湍流的混合，降低了边界层内的温度梯度，提高了速度场和温度场的协同作用，从而增强了传热。Yang 等人研究了不同几何参数的螺旋波节管的湍流摩擦传热特性，得出螺旋波节管比光管有更好的热性能的结论。Peng 等人采用田口法对螺旋波节管的传热性能进行了研究和优化，发现螺旋波节管壁附近二次流的产生增强了传热，并且较大的波纹深度和较小的波纹间距可以提高传热性能。Navickaite 等人对椭圆型和超椭圆型双波节管在恒定泵功条件下的热性能进行了研究，得出双波节管通过扰动热边界层、改变流动廓线以及增加管内表面积来影响流体的流动，强化传热并且降低流量的结论。Corcoles 等人对内波节管双管换热器内流动和换热过程进行了研究，结果表明：与光管相比，内波节管的 NTU、耗散率 ε 以及传热量都有所增加。国内对于冰蓄冷技术中使用波节管换热器的研究起步较晚，例如张登庆、徐建民分别对波节管的性能进行了试验研究；苏勇俊、汪威等人对波节管的性能分别进行了数值模拟研究。

在以往大多数研究中，多研究内波节管，如横向波节管和螺旋波节管。Chen 等人对非对称波节管和光管的热力学性能进行了研究，发现位于管道下游的大圆角半径可以显著提高管道整体换热系数，强化换热。而对于外波节管传热性能研究较少，波节管换热器应用于冰蓄冷时的换热性能尚未得到关注。这里通过实验和数值模拟，对光管和波节管换热器的传热性能进行比较研究；对盘管建立简化模型，快速模拟仿真盘管蓄冰、融冰过程中的瞬时温度分布，旨在优化和调整实际工程的蓄、融冰过程；通过比较两种盘管对应位置的温度，验证波节管结构相比于光管结构对于蓄冰、融冰的增强作用，验证了波节管结构具有更好的传热性能。

5.1.1 实验研究

冰蓄冷实验系统分别设置光管和波节管蓄冰槽进行对比实验，风能热泵机组（ASHP）用于冷却传热流体。以质量浓度 25%的乙二醇溶液作为循环工质对蓄冰槽进行蓄冷和释冷，并对 HTF 和 PCM 的温度分布进行实时测试和记录。

1）实验系统

图 5.1.1 所示是光管和波节管的实验系统图。图 5.1.2、图 5.1.3（a）和（b）分别为光管蓄冰槽和波节管蓄冰槽的结构示意图。

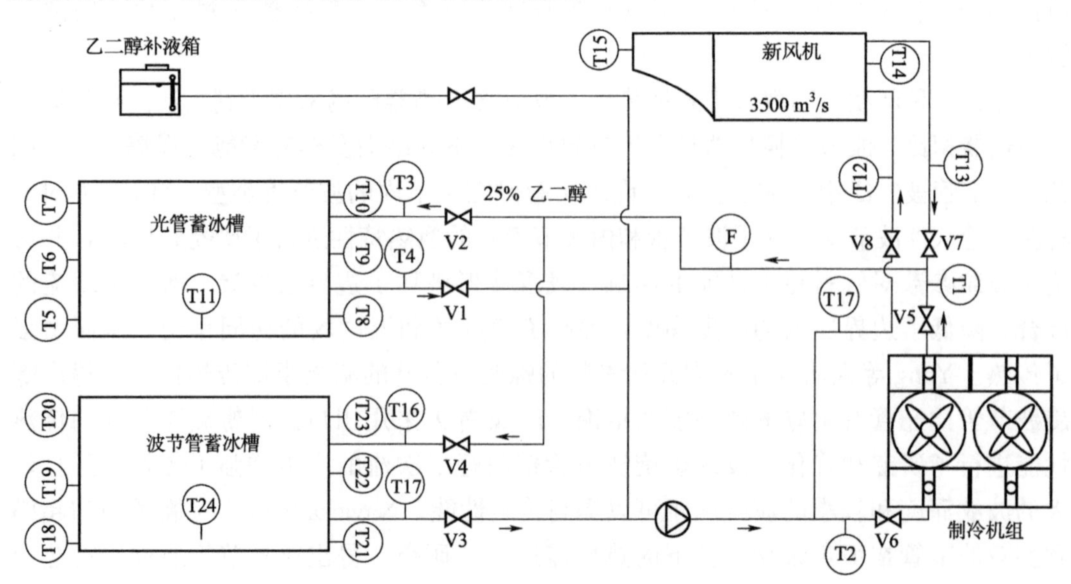

图 5.1.1　光管、波节管蓄冰、融冰实验系统图

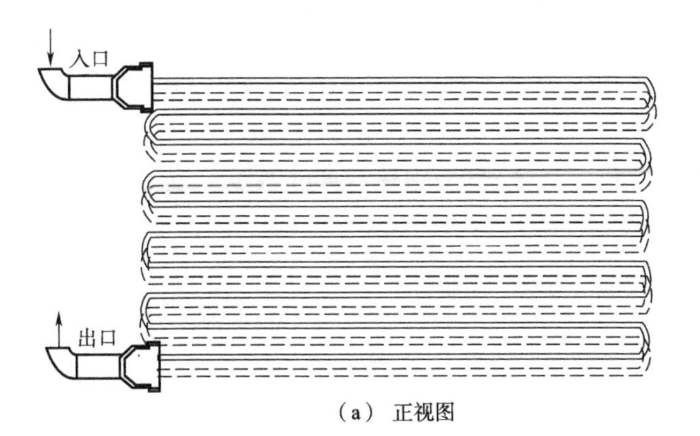

（a）正视图

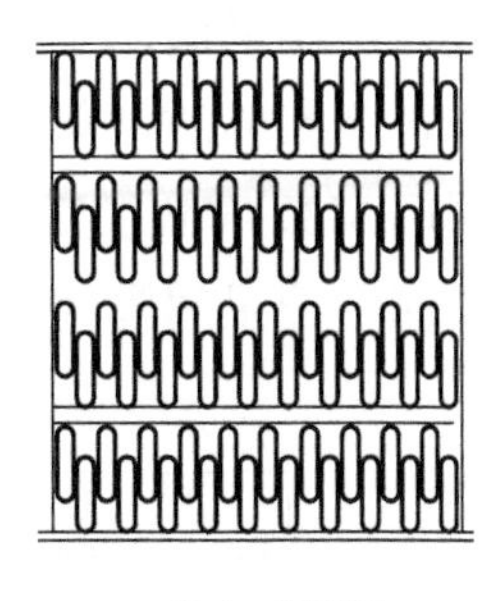

（b）侧视图

图 5.1.2　光管蓄冰槽结构示意图

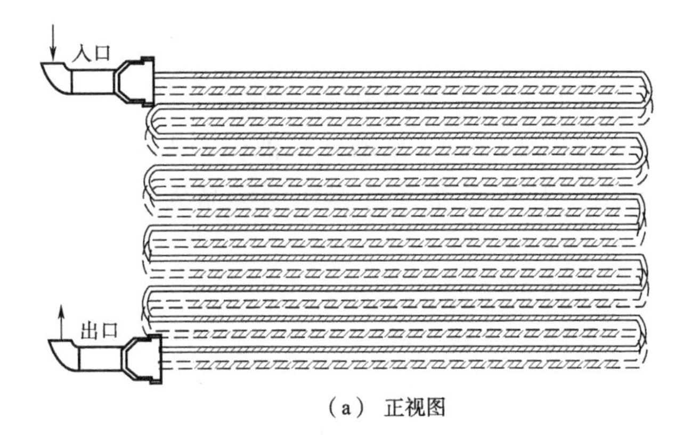

（a）正视图

（b）侧视图

图 5.1.3　波节管蓄冰槽结构示意图

使用 PT100 热电阻监测 HTF 的温度。电阻温度计传感器的位置如图 5.1.1 所示，每个传感器的位置描述如表 5.1.1 所示：

传感器位置　　表 5.1.1

传感器	测量参数	传感器	测量参数
T1、T2	冷水机组供、回水温度	T14、T15	新风机组进、出口风温度
T3、T4	光管蓄冰槽进、出口温度	T16、T17	波节管蓄冰槽进、出口温度
T5、T8	两根光管蓄冰盘管出口温度	T18、T21	两根波节管蓄冰盘管出口温度
T6、T9	两根光管蓄冰盘管中间温度	T19、T22	两根波节管蓄冰盘管中间温度
T7、T10	两根光管蓄冰盘管入口温度	T20、T23	两根波节管蓄冰盘管入口温度
T11	光管蓄冰槽内水温	T24	波节管蓄冰槽内水温
T12、T13	新风机组进、出口乙二醇温度		

2）实验过程

（1）蓄冰实验

蓄冰时，传热流体的入口温度通过 ASHP 制冷降温达到 0℃以下。低温乙二醇溶液由 ASHP 进入蓄冰槽内光管和波节管换热器，通过与管外 PCM（水）换热，降低水的温度，实现蓄冰过程。

通过开闭不同阀门，实现光管和波节管蓄冰实验的转化。阀门转换如表 5.1.2 所示。光管蓄冰实验时，阀门 V1、V2、V5 和 V6 打开，其余阀门关闭；波节管蓄冰实验时，阀门 V3、V4、V5 和 V6 打开，其余阀门关闭。通过数据采集仪对实验过程进行全程监测，记录间隔为 1min。

两种盘管蓄冰实验转化 **表 5.1.2**

阀门	V1	V2	V3	V4	V5	V6	V7	V8
光管	开	开	关	关	开	开	关	关
波节管	关	关	开	开	开	开	关	关

由于很难观察到蓄冰槽中的情况，所以实验时通过蓄冰槽外部安装的液位管来观测是否完成蓄冰。光管蓄冰时，当蓄冰槽内盘管外冰层将要接触时蓄冰停止，此时液位管内的水位上升，在该液位处做好标记，上升高度为 1.1cm。波节管蓄冰时，为了保证两个蓄冰槽蓄冰量相同且具有可比性，蓄冰槽外部液位管内水位上升的高度要相同。当波节管蓄冰过程中液位上升到与光管蓄冰相同的高度时，波节管蓄冰结束。

（2）融冰实验

融冰过程传热流体通过与室外空气经过新风机组（FTHE）交换热量温度升高，达到 0℃以上。融冰时，通过两个热风机向新风机组中吹入热风，与来自蓄冰盘管中的低温乙二醇溶液进行热交换，温度升高的乙二醇溶液进入盘管与管外水换热，而温度降低的冷风吹出室外。

光管和波节管融冰实验阀门转换如表 5.1.3 所示。光管融冰实验时，阀门 V1、V2、V7 和 V8 打开，其余阀门关闭；波节管融冰实验时，阀门 V3、V4、V7 和 V8 打开，其余阀门关闭。

两种盘管融冰实验转化 **表 5.1.3**

阀门	V1	V2	V3	V4	V5	V6	V7	V8
光管	开	开	关	关	关	关	开	开
波节管	关	关	开	开	关	关	开	开

试验过程中，当蓄冰槽外液位计水位回到蓄冰前初始位置时结束融冰。融冰时，传热流体的流动方向为上进下出，水槽上部有较大湍流强度和较大温差，因此融化过程从上方冰层开始，槽内的 PCM 以冰水混合物的形式呈现。融冰过程中，当管外的冰层破碎时，浮冰上浮到水面。

3）不确定度分析

热阻的理论计算表明，绝缘热阻远高于其他热阻。因此，固定在盘管壁上的热传感器可以测量管内 HTF 的温度。表 5.1.4 总结了与每个测量值相关的不确定度。

测量设备的不确定度 表 5.1.4

设备	类型	量程	精度
热电阻(测量 HTF 温度)	PT100	−30～80℃	±0.2℃
流量计(质量流量)	FS01A	2.3～23m^3/h	±0.0115m^3/h
数据采集仪:RTD 输入	GL840	—	±0.6℃

5.1.2 数值模拟

1）物理模型

图 5.1.4 显示了蓄冰盘管的几何模型。

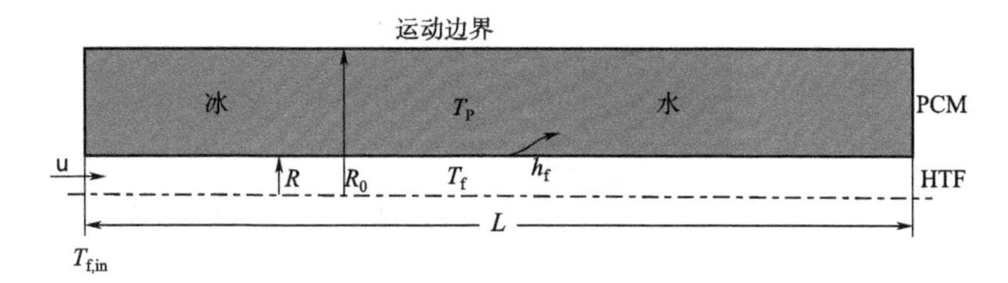

图 5.1.4 冰蓄冷系统物理模型图

HTF 流过管内并与管外的 PCM 交换热量。蓄冰时，热量从高温的 PCM 转移到低温的 HTF 中；融冰时，热量从 HTF 转移到 PCM，并存储在 PCM 中。计算域长度为 16.5m，盘管直径为 20mm。

为了简化盘管蓄冰融冰系统中传热过程的物理模型和数学模型，作以下假设：

(1) HTF 中的轴向热传导和黏性耗散忽略不计；

(2) 初始时刻 HTF 和 PCM 的温度分布均匀；

(3) 忽略管壁厚度，但不忽略管壁的热阻；

(4) 忽略蓄冰槽对周围环境的热损失；

(5) 忽略管外水的自然对流和辐射传热。

2）数学模型

考虑传热流体和相变材料的热特性及其边界条件，利用直角坐标系建立盘管的数学模型。盘管半径相对于盘管长度非常小，因此采用一维能量微分方程。

$$\frac{\partial(\rho T)}{\partial \tau}=\operatorname{div}\left(\frac{\lambda}{c}\cdot \operatorname{grad}T\right)+S_h \tag{5.1-1}$$

$$\frac{\partial(\rho T)}{\partial \tau}+\operatorname{div}(\rho \bar{v} T)=\operatorname{div}\left(\frac{\lambda}{c}\cdot \operatorname{grad}T\right)+S_T \tag{5.1-2}$$

对于相变材料的控制方程，采用焓法对其相变过程的运动边界问题进行数学求解。令 0℃冰的焓值为 0J/kg，则 0℃水的焓值为 334000J/kg。PCM 相应的焓方程形式为：

$$\frac{\partial(\rho H)}{\partial \tau}=\operatorname{div}(\lambda \cdot \operatorname{grad}T)+S_h \tag{5.1-3}$$

其中 τ 是时间（s），T 是温度（℃），H 是焓（J/kg），S_h、S_T 是源项（W/m^2）。

为了描述糊状区中流体的状态，在焓法中引入了固体质量分数。随着水的凝固，质量分数从 0 升至 1，质量分数可以写成：

$$fm=\begin{cases}1 & H\leqslant H_{ice}\\ 1-\dfrac{H}{H_{water}} & H_{ice}<H<H_{water}\\ 0 & H\geqslant H_{water}\end{cases} \tag{5.1-4}$$

其中 H_{ice} 为 0℃时的固相焓值，H_{water} 为 0℃时的液相焓值。

通过控制容积积分法，采用隐式差分的形式，将控制方程离散化。HTF 的控制方程可以写成：

$$\frac{\rho_f c_f \pi R^2 \Delta x}{\Delta\tau}(T_{f,i}^{n+1}-T_{f,i}^{n})=\pi R^2\cdot\frac{2\lambda_f}{\Delta x}(T_{f,i-1}^{n+1}-2T_{f,i}^{n+1}+T_{f,i+1}^{n+1})+\frac{\rho_f c_f \pi R^2 v}{2}(T_{f,i-1}^{n+1}-T_{f,i+1}^{n+1})+2\pi R\Delta x h_f(T_{p,i}^{n+1}-T_{p,i}^{n+1}) \tag{5.1-5}$$

PCM 的控制方程可以写成：

$$\frac{\rho_{pi}\Delta x}{\Delta\tau}(H_i^{n+1}-H_i^{n})=\left[\frac{2\lambda_{p,i-1}^{n+1}\lambda_{p,i}^{n+1}}{\lambda_{p,i-1}^{n+1}+\lambda_{p,i}^{n+1}}\left(\frac{T_{p,i-1}^{n+1}-T_{p,i}^{n+1}}{\Delta x^2}\right)+\frac{2\lambda_{p,i+1}^{n+1}\lambda_{p,i}^{n+1}}{\lambda_{p,i+1}^{n+1}+\lambda_{p,i}^{n+1}}\left(\frac{T_{p,i+1}^{n+1}-T_{p,i}^{n+1}}{\Delta x^2}\right)\right]+\frac{2Rh_f}{R_o^2-R^2}(T_{f,i}^{n+1}-T_{p,i}^{n+1}) \tag{5.1-6}$$

式中 ρ_f 为 HTF 密度（kg/m^3），c_f 为 HTF 比热容［J/(kg·℃)］，λ_f 为 HTF 导热率，T_f 为 HTF 温度（℃），R 为 HTF 计算半径（m），R_o 为 PCM 计算半径（m），v 为 HTF 流速（m/s），h_f 为 HTF 和 PCM 之间的对流传热系数［$W/(m^2\cdot ℃)$］，可计算得到：

$$h_f=\frac{Nu_f\cdot\lambda_f}{2R} \tag{5.1-7}$$

光管

$$Nu_f=0.012(Re^{0.87}-280)Pr_f^{0.4}\left[1+\left(\frac{2R}{L}\right)^{\frac{2}{3}}\right]\left(\frac{Rr_f}{Pr_p}\right)^{0.11} \tag{5.1-8}$$

波节管

$$Nu_f=0.07895Re^{0.8134}\cdot Pr_f^{0.4} \tag{5.1-9}$$

式中 Pr_f 和 Pr_p 分别为 HTF 温度和 PCM 温度下的普朗特数，L 为计算域长度。

PCM 温度和焓值关系如下式：

$$T_p=\begin{cases}\dfrac{H}{c} & H\leqslant H_{ice}\\ 0 & H_{ice}<H<H_{water}\\ \dfrac{H-H_{water}}{c} & H\geqslant H_{water}\end{cases} \tag{5.1-10}$$

PCM 的物性参数可以表示为：

$$c_{\mathrm{p}}=2090fm+4200(1-fm) \tag{5.1-11}$$

$$\lambda_{\mathrm{p}}=2.22fm+0.55(1-fm) \tag{5.1-12}$$

$$\rho_{\mathrm{p}}=\frac{1000\times 998}{1000fm+998(1-fm)} \tag{5.1-13}$$

式中，c_{p} 为 PCM 的比热容 [J/(kg·℃)]，λ_{p} 为 PCM 的导热率 [W/(m·℃)]，ρ_{p} 为 PCM 的密度（kg/m^3），T_{p} 为 PCM 的温度（℃）。

初始时刻管内流体与管外相变材料温度相等，入口处温度定义为 T_{in}，假设具有第一类和第二类边界条件，则初始条件和边界条件：

$$\tau=0:T_{\mathrm{f}}=T_{\mathrm{p}}$$

$$x=0:T_{\mathrm{f}}=T_{\mathrm{p}}=T_{\mathrm{in}}$$

$$x=L:\frac{\partial T_{\mathrm{f}}}{\partial x}=\frac{\partial T_{\mathrm{p}}}{\partial x}=0$$

3）数值方法

这里利用 Python 编程语言对蓄冰和融冰过程进行数值求解。计算区域由均匀的矩形网格进行划分。为了确保数值结果的准确性，进行各网格独立性验证。划分 4 种网格数进行比较：网格数量（N）分别为 33 个、55 个、165 个和 275 个。对于划分不同网格数的情况，蓄冰过程的总传热量如图 5.1.5 所示。网格数为 165 和 275 两种情况下的总换热量差别较小。因此考虑到计算成本和独立性测试结果，确定网格数为 165 个（网格大小为 0.1m）。

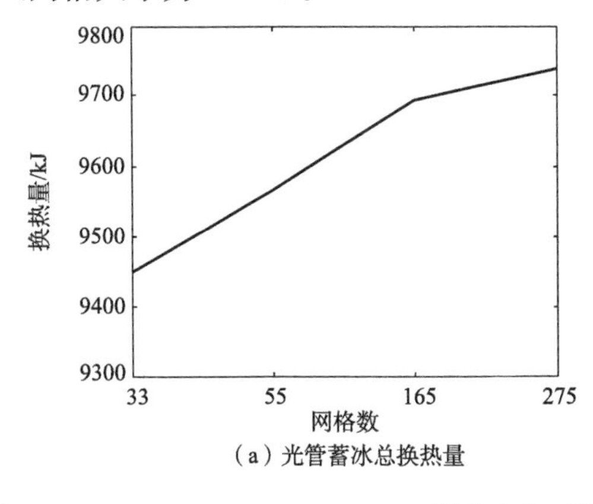

（a）光管蓄冰总换热量

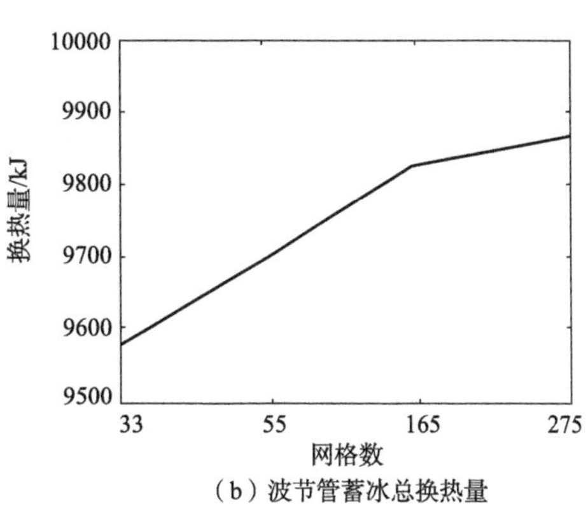

（b）波节管蓄冰总换热量

图 5.1.5 网格独立性验证

求解控制方程（5.1-6）时，由于式中含有 H 和 T 两个未知变量，无法直接求解，需要把方程化为只有一个变量 H 的形式。首先由初始条件给出各节点的温度值 $T_{\mathrm{f},i}$ 和 $T_{\mathrm{p},i}$，根据 H 和 T 的关系式（5.1-10）将式（5.1-6）右端的 T_{p} 表示成 H_{p} 的表达式，从而将方程统一成只有一个变量 H 的形式。其次将焓方程（5.1-6）与（5.1-5）联立，用双变量 TDMA 方法求解，得到各节点新的管内流体温度值 $T_{\mathrm{f},i}$ 和管外相变材料焓值 H_i，与各节点前一时刻温度值和焓值比较，若满足收敛条件，则此次结果就是这一时层的最终解，再根据式（5.1-10）由管外各节点 H_i 得出 $T_{p,i}$；若不满足收敛条件，则以求得各节点温度值 $T_{f,i}$ 和焓值 H_i 再次代入式（5.1-5）与焓方程（5.1-6），重复上述步骤直到收敛。最后以这一时层最终解得的各节点温度值和焓值作为下一时层的初始值，重复上述步骤，逐时层推进，获得各时层的解。图 5.1.6 显示了数值算法过程。

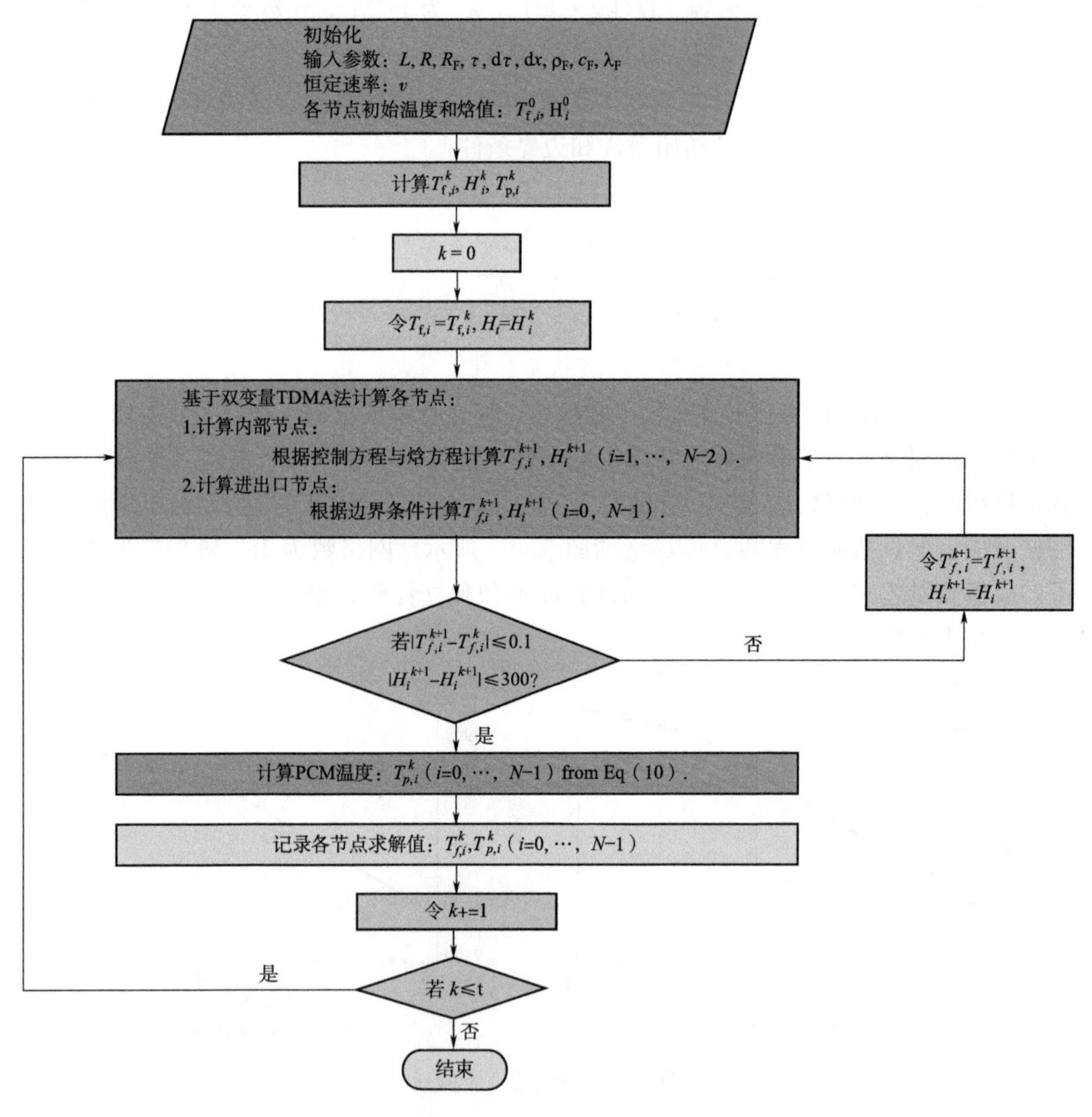

图 5.1.6 数值算法流程图

5.1.3 结果与讨论

1）实验结果

（1）蓄冰过程

波节管和光管内传热流体入口及出口温度如图 5.1.7 所示。

可以看出，光管蓄冰总时长为7197s，波节管蓄冰总时长为5402s，与光管相比，波节管总蓄冰时长减少25%。在光管蓄冰过程的前12.51%时间内，传热流体的入口温度从3℃降到－5.7℃，之后温度稳定在－6.1～－5.7℃。在波节管蓄冰过程的前12.96%时间内，传热流体的入口温度从3℃降到－4℃，之后温度缓慢地从－4℃降到－5.5℃。这是因为刚开始蓄冰，乙二醇溶液接近室内温度，ASHP工作使乙二醇溶液的温度迅速下降，降至实验所需温度时，乙二醇溶液温度就保持平稳。对于光管结构，在显热时期，HTF出口温度从3℃迅速降到－3℃，之后的潜热时期温度从－3℃缓慢下降到－3.5℃；对于波节管结构，HTF出口温度先从3℃迅速降到－1.7℃，之后从－1.7℃缓慢降到－3.2℃。波节管换热器出口温度的平均下降速率为4.1℃/h，比光管换热器快19.5%。因此波节管换热器水槽内的PCM更快地到达凝固点。

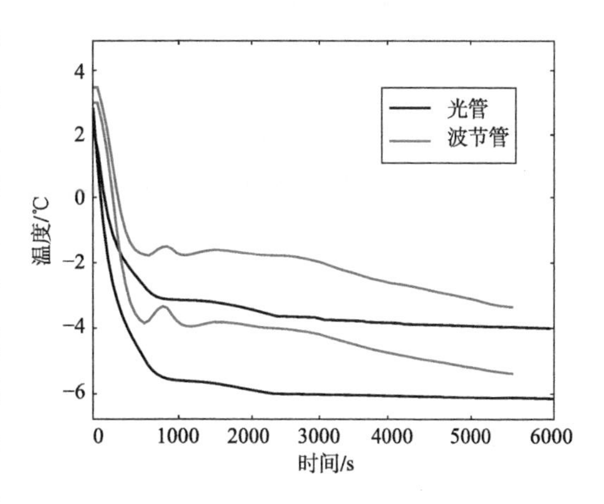

图5.1.7　两种盘管蓄冰过程进出口温度对比图

如图5.1.8所示，两种盘管换热器进出口温差随蓄冰时间而减小。波节管换热器内的HTF与管外PCM之间的换热更充分，传热性能更好。这是由于波节管传热面积周期性变化改变了流体的流态并加强了流体混合，而波节管破坏了热边界层的发展，改善了对流传热性能。

(2) 融冰过程

图5.1.9展示了波节管和光管系统的乙二醇进出口温度。

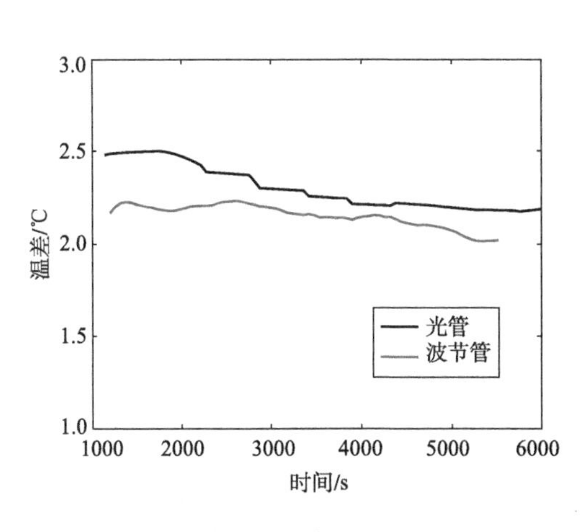

图5.1.8　两种盘管蓄冰过程的进出口温差

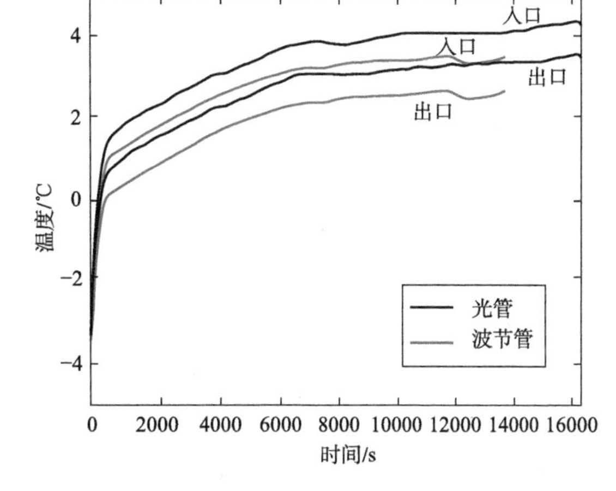

图5.1.9　两种盘管融冰过程进出口温度对比图

光管融冰总时长为16140s，波节管融冰消耗时长为13560s。与光管相比，波节管总蓄冰时长减少43min。在光管融冰过程的前3.1%时间内，传热流体的入口温度从

−3.5℃急速升高到1.5℃，之后从500s到16140s期间温度从1.5℃缓慢升高到4℃。在波节管融冰过程的前4.4%时间内，传热流体的入口温度从−3.5℃快速升高到1℃，之后温度从1℃缓慢升高到3℃。这是因为刚开始融冰时，蓄冰槽内乙二醇溶液温度相对较低，乙二醇与温度高的空气通过FTHE交换热量，温度迅速上升至实验所需温度后，高温乙二醇溶液温度就保持平稳上升。

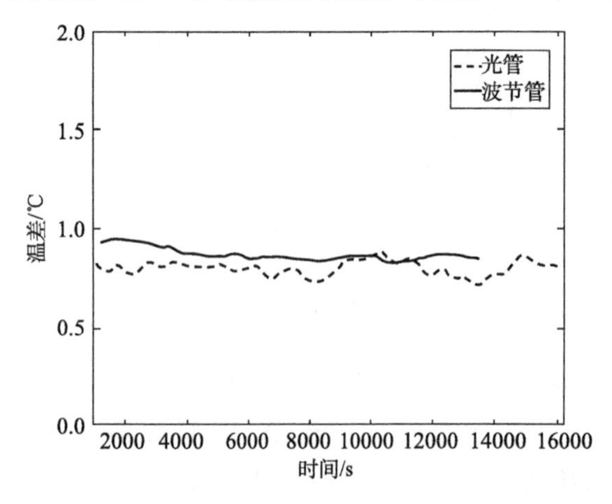

图5.1.10 两种盘管融冰过程的进出口温差

如图5.1.10所示，光管换热器进出口平均温差为0.75℃，波节管换热器进出口平均温差为0.85℃。光管换热器和波节管换热器出口温度的平均上升速率分别为1.56℃/h和1.73℃/h。

2）数值模型验证

数值模拟的初始条件和边界条件与实验相同。HTF和PCM的物性参数如表5.1.5、表5.1.6所示。

PCM物理性质 **表5.1.5**

PCM	相变温度/℃	密度/(kg/m³)	比热容/[J/(kg·℃)]	相变热/(kJ/kg)	运动黏度/(m²/s)	导热率/[W/(m·℃)]
水	0	1000(l) 916(s)	4200(l) 2090(s)	334	1.732×10^{-6}	0.55(l) 2.22(s)

HTF物理性质 **表5.1.6**

HTF	密度/(kg/m³)	导热率/[W/(m·℃)]	比热容/[J/(kg·℃)]	运动黏度/(m²/s)
25%乙二醇	1036	0.45	3679	1.71×10^{-6}

（1）蓄冰过程验证

蓄冰时，实验和模拟中接近入口位置的HTF温度比较如图5.1.11所示。

从图5.1.11可以看出模拟值和实验值的最大偏差为1.5℃。光管和波节管的模拟与实验结果的均方根误差（*RMSE*）分别为0.94和0.31，满足精度要求。此外从图中可以看出，光管的模拟数据普遍高于实验数据，这可以归因于模拟与实际实验时的对流传热系数不完全相同。此外，在数值模拟过程中，一些热力学性质被假定为常数，而在实际实验中可能会发生变化。

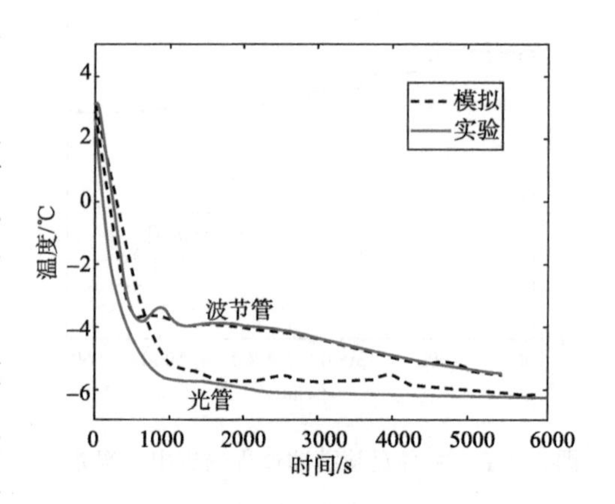

图5.1.11 蓄冰过程中光管与波节管的实验与模拟结果对比

(2) 融冰过程验证

融冰时，实验和模拟中接近入口位置的 HTF 温度比较如图 5.1.12 所示。

从图 5.1.12 可以看出模拟结果与实验结果曲线近似一致，数据误差在 0.5℃以内。光管和波节管的模拟与实验结果的均方根误差（RMSE）分别为 0.06 和 0.07，满足精度要求。该验证证明了数据模型用于光管和波节管融冰过程研究的可行性，因此基于该模型的预测来研究融冰特性是合理可靠的。

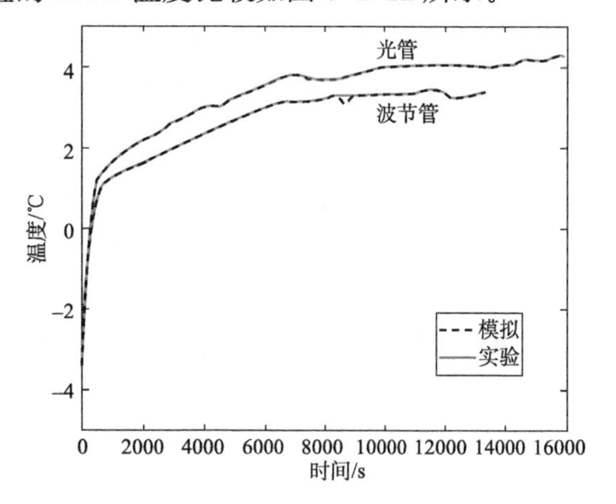

图 5.1.12 融冰过程中光管与波节管的实验与模拟结果对比

3) 数值模拟分析

(1) 蓄冰/融冰特性

图 5.1.13 显示了蓄冰过程中沿光管和波节管轴向方向的 PCM 中冰的质量分数随时间的变化情况。低温 HTF 首先从盘管入口进入，因此蓄冰时盘管入口处的 PCM 最先结满冰，沿盘管轴向方向，结冰时间依次延迟，冰层越来越薄；同样，融冰时入口处的 PCM 最先全部融化，沿盘管轴向方向，融冰时间依次延迟，盘管末端冰层最后融化。

从图 5.1.13 还可以看出波节管换热器的蓄冰速率更高。波节管换热器的蓄冰速率约为光管蓄冰速率的 2.5 倍。这表明与光管换热器相比，波节管换热器具有更高的传热系数。

图 5.1.14 显示了融冰过程中沿光管和波节管轴向方向的 PCM 中冰的质量分数随时间的变化情况。融化时出口处的 HTF 温度较高，因此入口处冰层先融化。波节管换热器的融冰速率约为光管融冰速率的 9 倍。

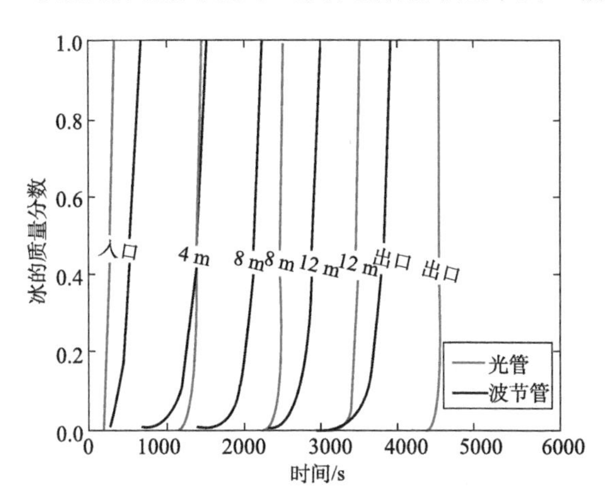

图 5.1.13 蓄冰时光管和波节管外冰的质量分数演变

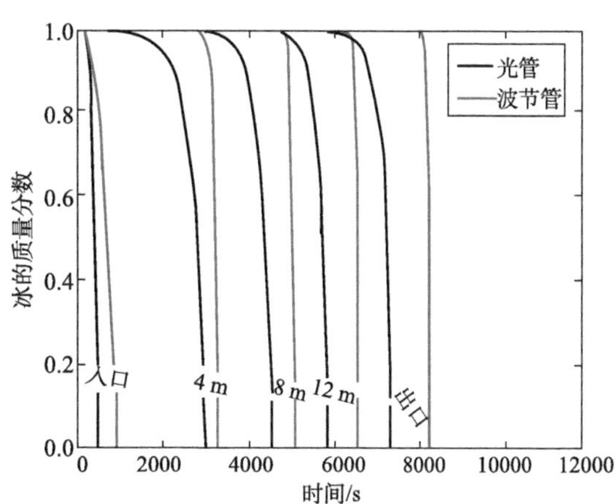

图 5.1.14 融冰时光管和波节管外冰的质量分数演变

（2）温度特性

蓄冰过程中光管和波节管换热器不同位置的冰/水温温度随时间的变化如图 5.1.15 和图 5.1.16 所示。在光管换热器入口处，水温从 2℃升高到 3℃，在显热存储阶段又从 3℃降低到冰点，之后的相变过程从 380s 持续到 570s。完全凝固后固态冰的温度从 0℃快速下降到－5.6℃，之后温度保持相对稳定。因为蓄冰槽内初始水温低于设定的边界条件，因此初始阶段水温存在小幅升高。而在相变过程之后，冰的显热传递速率高于液态水，这是由于固态冰的比热低于液态水的比热。在波节管换热器的入口处，水的温度先从 2℃升高到 3℃，之后从 3℃降低到冰点，相变过程从 250s 持续到 340s。完全凝固后固态冰的温度进一步下降到－4℃，之后温度下降趋势相对平缓。从图中可以看出在 650s 和 1000s 之间存在水温波动，这是由于 HTF 在该时间段内温度波动。对于光管和波节管换热器出口处的水温从 2.5℃下降到 0℃，相变持续时间分别为 700～3770s 和 550～4400s，之后固态冰温度以更快的速率分别下降到－5.6℃和－5.2℃。

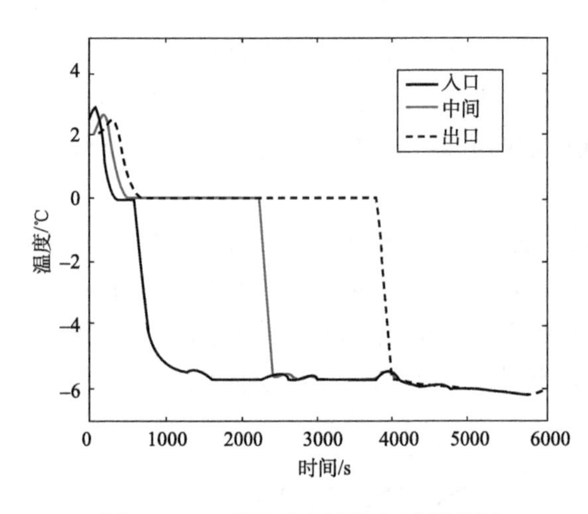

图 5.1.15　蓄冰时光管外冰/水温度随时间的变化

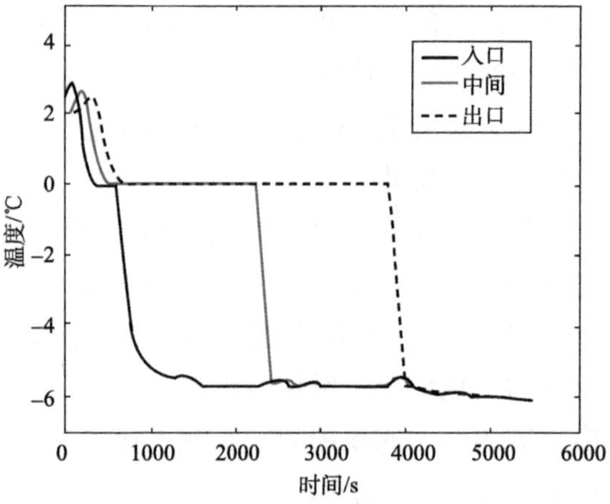

图 5.1.16　蓄冰时波节管外冰/水温度随时间的变化

光管换热器内的 PCM 的最大有效凝固时间为 3070s，占光管总蓄冰时间的 42.7%；波节管换热器内的 PCM 的最大有效凝固时间为 3850s，占波节管总蓄冰时间的 71.3%。

图 5.1.17 和图 5.1.18 展示了融冰过程中光管和波节管换热器不同位置的冰/水温温度时间的变化。如图 5.1.17 所示，光管换热器入口处冰的温度从最初的－3.5℃升高到融点，相变过程从 400s 持续到 660s，完全融化后液态水的温度进一步缓慢上升到 1.65℃，之后水温缓慢而稳定地上升。在光管换热器的出口处，冰的温度从最初的－3.5℃升高到 0℃，相变过程从 600s 持续到 7300s，完全融化后液态水的温度缓慢上升到 3.8℃，之后水温保持相对稳定。如图 5.1.18 所示，波节管换热器出口处冰的温

度从初始的－3.5℃升高到0℃，相变过程从500s持续到8200s，完全融化后水的温度缓慢上升至3.3℃，之后水温保持相对稳定。

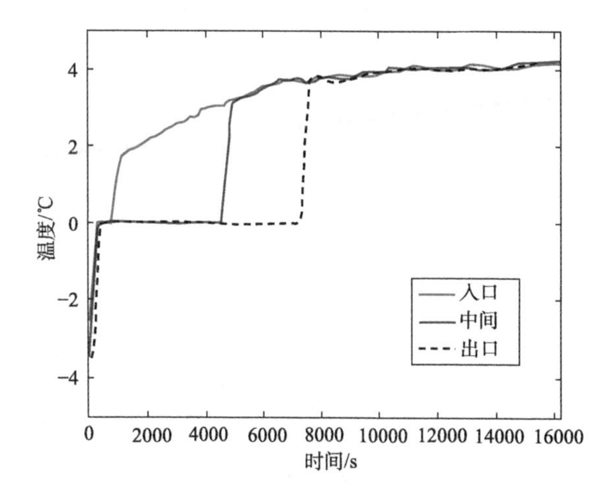

图5.1.17　融冰时光管外冰/水温度随时间的变化

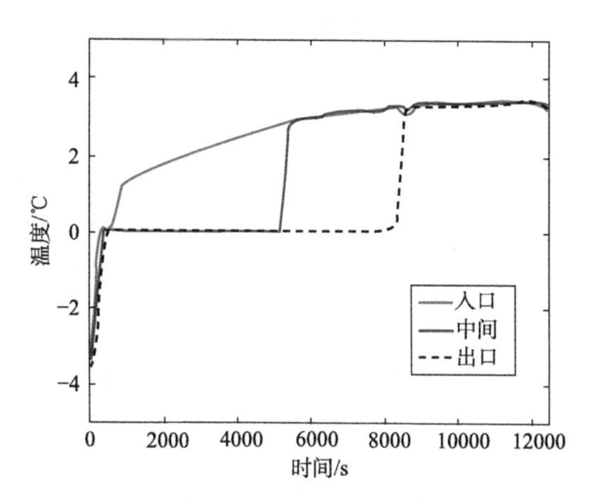

图5.1.18　融冰时波节管外冰/水温度随时间的变化

光管换热器内的PCM的最大有效融化时间为6700s，占光管总融冰时间的41.5%；波节管换热器内的PCM的最大有效融化时间为7700s，占波节管总融冰时间的56.8%。

5.1.4　结论

这里使用快速数值模拟来对光管和波节管换热器的冰蓄冷系统进行简化和分析，通过实验和数值模拟，比较光管和波节管蓄冰、融冰的换热性能，结论如下：

（1）数值模拟结果和实验结果基本吻合。在蓄冰过程中，光管和波节管的数值结果与实验结果之间的均方根误差分别为0.94和0.31；融冰过程的均方根误差分别为0.06和0.07，结果证明该数学模型在蓄冰、融冰过程预测中的可行性。因此基于该模型的预测研究冰蓄冷性能是合理和可靠的。

（2）在相同条件下，波节管换热器的蓄冰、融冰时间分别比光管换热器的时间缩短25%和16%。

（3）对于蓄冰过程，波节管换热器的热交换速率是光管换热率的2.5倍；对于融冰过程，波节管换热器的换热速率比光管换热器快了9倍。因此相比于光管换热器，波节管换热器的传热性能更优。

5.2　基于数值模拟的蓄冰槽优化设计

本节在考虑自然对流的情况下，分别建立了光管蓄冰槽和波节管蓄冰槽的二维物理模型，利用CFD对盘管蓄冰过程进行了数值模拟，并通过实验数据验证了模型的正确性；分析了波节管相较于光管对于系统蓄冰性能的提升作用，综合讨论了波节距和波峰高度等结构参数对系统蓄冷性能的影响。研究结果表明，在相同蓄冷量的条件下，波节管蓄冰槽相比于传统的光管式蓄冰槽蓄冰效率提升了7.1%，且相同时刻波节管外冰层更厚。此外，优化波节管的结构对于获得更好的蓄冷性能有着至关重要的作用。考虑到盘管的布局和冰蓄冷性能之间的平衡，最佳波节距为37.5mm，波峰高度为32mm，蓄冰性能分别提升了10.3%和29.4%，实现了最大的性能提升。

目前，对盘管换热器的研究主要集中在数值模拟和实验研究两个方面。Ghorbani等人对垂直螺旋盘管换热器进行了实验研究，结果表明：固定传热率条件下，增加管间距、减小盘管表面积可以增大传热系数；Yang等人研究了不同制冷剂入口温度下盘管蓄冰板的蓄冰过程，结果表明制冷剂入口温度越低，换热效率越高，蓄冷量越大。Bi等人建立了一种新型封闭式和开放式蓄冰槽，对盘管外融冰过程进行了实验研究，结果表明封闭式蓄冰槽的释冷速率比开放式蓄冰槽更稳定且出流量越大，释冷速率越大。

近年来，越来越多研究对盘管结构进行优化设计，例如插入翅片，采用波节管等方式。Jannesari等人研究了薄环和环形翅片对改善盘管结冰性能的影响，结果表明，对角薄环相对于环形翅片具有更好的性能；F. Agyenim等人研究了圆形和纵向翅片对传热性能的增强作用，结果表明纵向翅片的增强效果优于圆形翅片；K. A. I. Ismail等人研究了径向翅片管的强化传热性能，结果表明，翅片直径越大，凝固蓄冷时间越短。除了插入翅片增强换热，还可以采用波节管增强换热。Yang等人研究了不同几何参数的螺旋波节管的湍流传热特性，得出螺旋波节管比光管有更好的传热性能的结论；X. W. Li等人研究了不同波节高度的纵向波节管湍流强化传热机理，研究结果表明，传热特性与波节高度和黏滞边界层的厚度有关，当粗糙度高度约为黏滞边界层厚度的3倍时，传热强化效果最佳。CFD也广泛应用于研究波节管的流动和传热特性。O. Agra等人比较了两种螺旋翅片管和两种波节管的传热和压降性能，结果表明，波节管的传热系数低于螺旋翅片管；J. Haervig等人研究了正弦波节管和螺旋波节管中充分发展的强化换热流场，结果表明波节管的性能在波节高度较高时降低；H. A. Mohammed等人进行了二维数值模拟，研究了不同几何参数和*Re*值的纵向波节管的传热特性，结果表明，以水为PCM时，相对粗糙度$e/d=0.1$时，*Nu*值最高。

在以往大多数研究中，多研究内波节管，如水平波节管和螺旋波节管，而很少有研究外波节管传热性能的改善。这里主要对光管和对称外凸波节管蓄冰进行对比实验和数值模拟研究，研究在相同时刻两水箱的温度分布情况，分析波节管相比于光管对蓄冰槽性能的增强作用。此外还研究波节距和波节高度对系统蓄冰能力的影响。数值模拟的结果可以为波节管结构优化提供参考。

5.2.1　研究方法

1）数值方法

为了研究波节管几何结构对冰蓄冷性能的影响，建立了一个非稳态蓄冰过程的模型，利用商用 CFD 软件 ANASYS Fluent 进行数值求解，并通过光管与波节管蓄冰槽的对比实验对模型进行验证。

(1) 物理模型

这里研究外融冰的蓄冷模式，以蓄冰槽作为研究对象，蓄冰盘管结构示意图如图 5.2.1、图 5.2.2 所示。

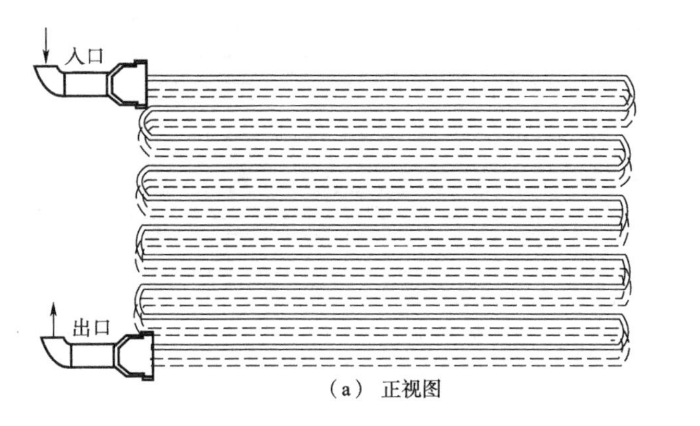

(a) 正视图

(b) 侧视图

图 5.2.1　光管蓄冰槽结构示意图

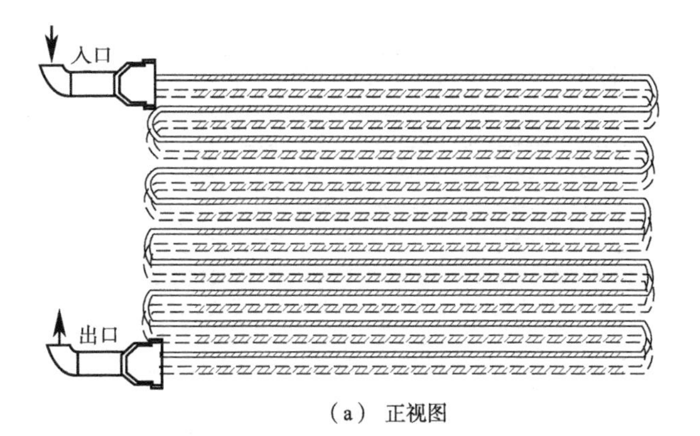

(a) 正视图

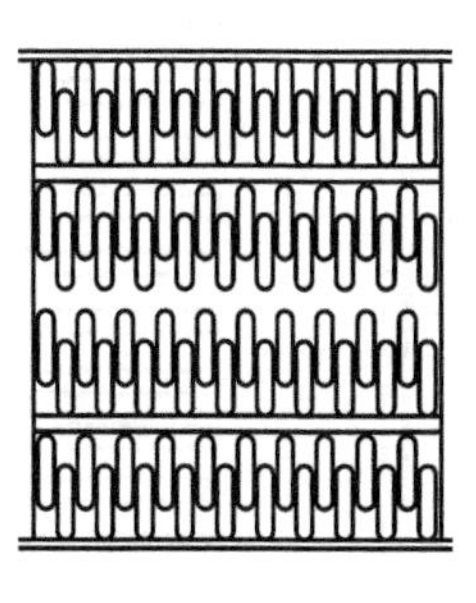

(b) 侧视图

图 5.2.2　波节管蓄冰槽结构示意图

蓄冰槽盘管整体结构模型复杂，因此简化完整盘管的冰-水相变传热模型，建立二维模型来进行研究。由于蓄冰槽内的盘管是并列的，可视为 20 路直管对称排列，其轴向截面和径向截面的管子可视为均匀排列在蓄冰槽内，如图 5.2.3、图 5.2.4 所示。盘管直管段长 1590mm，光管的直径为 20mm，波节管的波峰高度为 25mm，波谷高度为 20mm。在蓄冰模拟过程中，将盘管内低温制冷剂看作内热源，为管外水凝固提供能量。

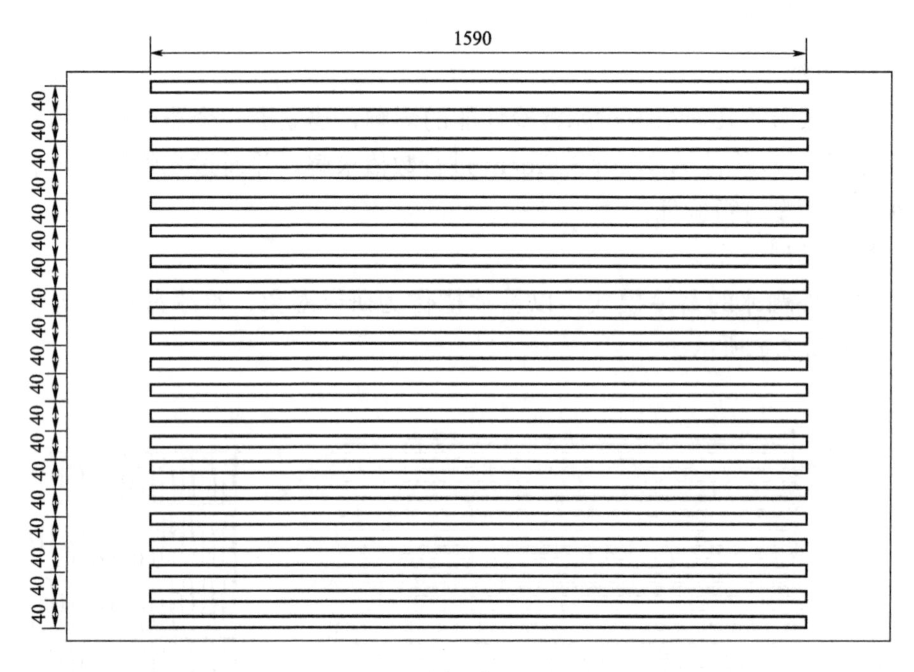

（a）光管

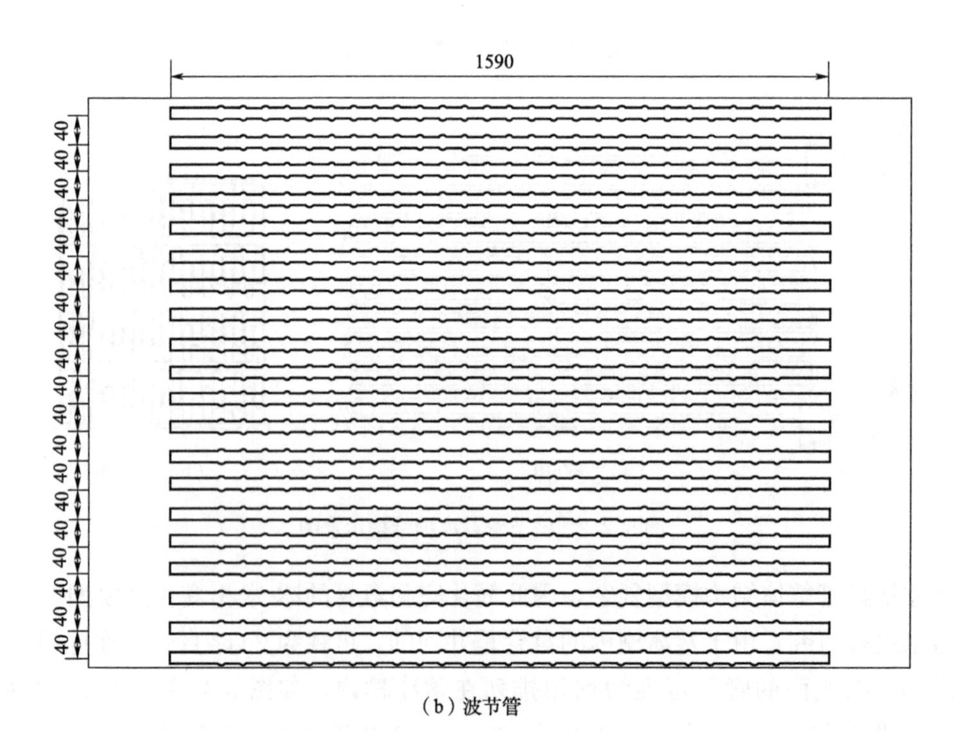

（b）波节管

图 5.2.3 轴向截面物理模型（单位：mm）

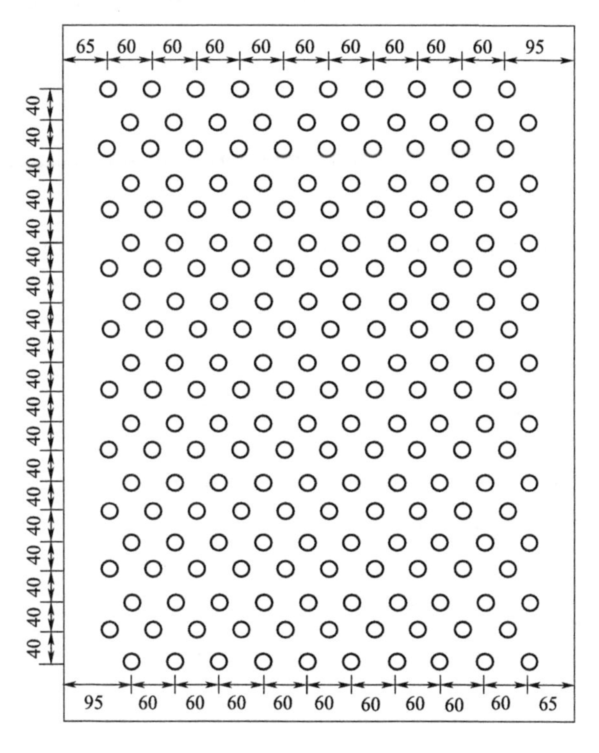

图 5.2.4 径向截面物理模型（单位：mm）

为便于数值计算，对冰蓄冷水箱的模型作以下假设：水箱壁面均为绝热壁面，不计热损失；忽略管壁厚度和管壁蓄热；蓄冰槽内只有层流；水的初始温度均匀一致；水在液相和固相状态下均为各向同性，除密度热导率外，水的物理参数均为常数；所有界面和接触表面不变形，液-固接触面为无滑移边界。

（2）数学模型

PCM 的相变过程实质上就是凝固和融化过程，这里通过 ANASYS Fluent 中的 Solidification/Melting 模型进行模拟。此模型基于焓法进行计算，把焓和温度共同作为未知变量，在固、液两区域和边界建立一个总的能量方程，从而简化计算。

引入液体质量分数 β 来描述固-液分布，而不独立追踪两相界面：

$$\beta=\begin{cases}0 & ,T\leqslant T_{s}\\ \dfrac{T-T_{s}}{T_{1}-T_{s}} & ,T_{s}<T<T_{1}\\ 1 & ,T\geqslant T_{1}\end{cases} \tag{5.2-1}$$

式中，T_{s} 为 PCM 的凝固温度，T_{1} 为融化温度。

质量控制方程表示为：

$$\frac{\partial\rho}{\partial\tau}+\frac{\partial(\rho u)}{\partial x}+\frac{\partial(\rho v)}{\partial y}=0 \tag{5.2-2}$$

式中，ρ 为 PCM 的密度，kg/m^{3}；u、v 分别为 x、y 方向上的流速分量，m/s。

动量控制方程表示为：

$$\frac{\partial(\rho u)}{\partial\tau}+u\frac{\partial(\rho u)}{\partial x}+v\frac{\partial(\rho u)}{\partial y}=\frac{\partial}{\partial x}\left(\mu\frac{\partial u}{\partial x}\right)+\frac{\partial}{\partial y}\left(\mu\frac{\partial u}{\partial y}\right)-\frac{\partial p}{\partial x} \tag{5.2-3}$$

$$\frac{\partial(\rho v)}{\partial\tau}+u\frac{\partial(\rho v)}{\partial x}+v\frac{\partial(\rho v)}{\partial y}=\frac{\partial}{\partial x}\left(\mu\frac{\partial v}{\partial x}\right)+\frac{\partial}{\partial y}\left(\mu\frac{\partial v}{\partial y}\right)-\frac{\partial p}{\partial y}-g \tag{5.2-4}$$

式中，μ 为动力黏度，kg/(m·s)；τ 为时间，s；p 为压力，Pa；g 为重力加速度，m/s^2。

能量控制方程表示为：

$$\frac{\partial(\rho H)}{\partial\tau}=\frac{\partial}{\partial x}\left(\lambda\frac{\partial T}{\partial x}\right)+\frac{\partial}{\partial y}\left(\lambda\frac{\partial T}{\partial y}\right)+S_{\mathrm{h}} \tag{5.2-5}$$

式中，T 为 PCM 的温度,℃；λ 为导热系数，W/(m·℃)；S_{h} 为热源项，W/m^2。对于 PCM，总焓通过显热焓和潜热焓相加得到：

$$H=H_{\mathrm{S}}+H_{\mathrm{L}} \tag{5.2-6}$$

$$H_{\mathrm{S}}=H_{\mathrm{m}}+\int_{T_{\mathrm{m}}}^{T}c_{\mathrm{p}}\mathrm{d}T \tag{5.2-7}$$

$$H_{\mathrm{L}}=\beta\cdot\Gamma \tag{5.2-8}$$

式中，H 为 PCM 的焓，J/kg；H_{S} 为显热值；H_{L} 为潜热值；H_{m} 为参考焓；T_{m} 为参考温度,℃；c_{p} 为 PCM 的比热容，J/(kg·℃)；$\Gamma=333146$J/kg，为水的相变潜热。

在盘管蓄冰过程中，盘管外的水随着自身温度的不断降低，密度不断变化，产生自然对流现象。由于水在 4℃时密度最大，密度变化不符合 Boussinesq 假设，为了反映在蓄冰过程中自然对流的真实情况，动量方程中浮力项中的流体密度随温度的变化采用如下公式：

$$\rho=\sum_{n=0}^{5}C_n t^n \tag{5.2-9}$$

其中：$C_0=9.998396\times10^{-1}$，$C_1=6.798490409\times10^{-5}$，$C_2=-9.106280624\times10^{-5}$，$C_3=1.005301157\times10^{-7}$，$C_4=-1.126745085\times10^{-9}$，$C_5=6.591980242\times10^{-12}$。

水的导热系数随温度变化为：

$$\lambda=2.22\cdot(1-\beta)+0.55\cdot\beta \tag{5.2-10}$$

蓄冰槽与外界没有热交换：

$$\frac{\partial T}{\partial x}=\frac{\partial T}{\partial y}=0 \tag{5.2-11}$$

初始时刻水箱内流体温度均一致，PCM 初始状态为液态，初始条件如下所示：

$$\tau=0: T=10℃, \beta=1$$

（3）数值模拟

利用 ANASYS Fluent 软件对蓄冰槽进行二维的数值仿真模拟计算。槽内的水封闭无流动，因此采用层流模型进行模拟研究。开始蓄冰时，水的初始温度为 10℃。压力和速度求解方式采用 SIMPLE 算法，压力修正方程采用 Standard 格式。空间离散采用二阶迎风格式，连续性方程和动量方程的收敛标准设置为 10^{-3}，能量方程的收敛标准设置为 10^{-6}。密度、压力、动量、能量和液相率的松弛因子分别设置为 1.0、0.15、0.6、1.0 和 0.8。

对光管和波节管换热器的蓄冰过程进行数值模拟，首先运用 Solid Works 建立蓄冰槽的二维结构模型，用 ANSYS Meshing 对物理模型进行四边形网格的非结构性网格划分，并检查网格质量确保数值结果的准确性。将网格文件导入 ANASYS Fluent 中，在 Y 方向设置重力加速度为 -9.81m/s^2，时间类型为 Transient。选择计算模型为 Energy 模型、Laminar 模型和 Solidification&melting 模型。添加 fluid 和 solid 材料，根据水的密度和导热系数的变化，编写 User-Defined Functions（UDF）进行描述。

2）实验方法

（1）实验系统

实验系统如图 5.2.5 所示，进行光管和波节管蓄冰槽对比实验。传热流体（HTF）经过冷水机组（ASHP）被冷却，实验中以质量浓度 25%的乙二醇溶液作为循环工质，与管外相变材料（PCM）换热来完成蓄冷实验。实时监测和记录 HTF 和 PCM 的温度分布。

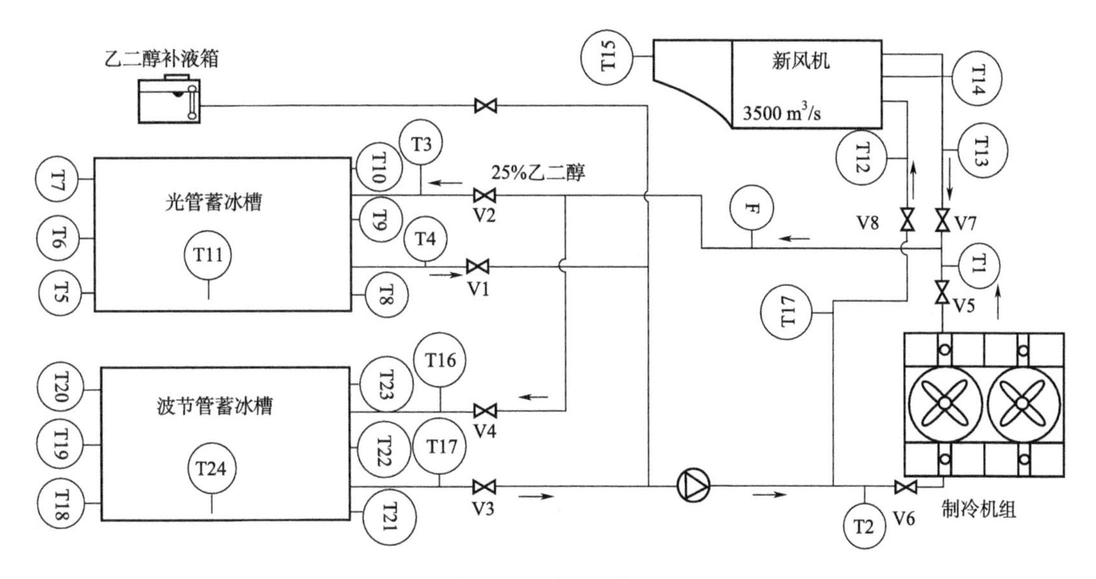

图 5.2.5 实验系统图

实验选用蓄冰槽为 2m×1m×0.7m 的规则长方体，外壳材料为不锈钢，覆盖聚氨酯发泡保温层，盘管壁面材料也为不锈钢。使用 Pt100 热电阻测量 HTF 的温度，热电阻温度传感器的位置如图 5.2.5 所示。表 5.2.1 为传感器位置说明。

（2）实验步骤

蓄冰时，传热流体的入口温度通过 ASHP 制冷降温至 0℃以下。低温乙二醇溶液由 ASHP 进入蓄冰槽内光管和波节管换热器，通过与管外 PCM（水）换热，降低水的温度，实现蓄冰过程。

传感器位置说明　　表 5.2.1

传感器	测量参数	传感器	测量参数
T1、T2	冷水机组供、回水温度	T14、T15	新风机组进、出口风温度
T3、T4	光管蓄冰槽进、出口温度	T16、T17	波节管蓄冰槽进、出口温度
T5、T8	两根光管蓄冰盘管出口温度	T18、T21	两根波节管蓄冰盘管出口温度
T6、T9	两根光管蓄冰盘管中间温度	T19、T22	两根波节管蓄冰盘管中间温度
T7、T10	两根光管蓄冰盘管入口温度	T20、T23	两根波节管蓄冰盘管入口温度
T11	光管蓄冰槽内水温	T24	波节管蓄冰槽内水温
T12、T13	新风机组进、出口乙二醇温度		

通过开闭不同阀门，实现光管和波节管蓄冰实验的转化。光管蓄冰实验时，阀门 V1、V2、V5 和 V6 打开，其余阀门关闭；波节管蓄冰实验时，阀门 V3、V4、V5 和 V6 打开，其余阀门关闭。通过数据采集仪对实验过程进行全程监测，记录间隔为 5s。表 5.2.2 列出了光管和波节管蓄冰工况阀门的转换。

光管和波节管蓄冰工况转换　　表 5.2.2

阀门	V1	V2	V3	V4	V5	V6	V7	V8
光管	开	开	关	关	开	开	关	关
波节管	关	关	开	开	开	开	关	关

由于很难观察到蓄冰槽中的情况，所以实验时通过蓄冰槽外部安装的液位管来观测是否完成蓄冰。光管蓄冰时，当盘管外的冰层近似接触到时蓄冰停止，此时液位管内的水位上升，在该液位处做好标记，实验中液位上升高度为 1.1cm。同理，波节管蓄冰时，为了保证两个蓄冰槽蓄冷量相同而具有可比性，当波节管蓄冰过程中液位上升到与光管蓄冰相同的高度时，波节管蓄冰结束。

（3）不确定度分析

根据热阻的理论计算表明，绝缘电阻远高于其他热阻。因此，连接到管壁的热传感器实际上测量的是管内 HTF 的温度。表 5.2.3 总结了每个测量值相关的不确定度。

测量设备的精度　　表 5.2.3

设备	类型	量程	精度
热电阻(测量 HTF 温度)	PT100	−30～80℃	±0.2℃
流量计(质量流量)	FS01A	2.3～23m^3/h	±0.0115m^3/h
数据采集仪:RTD 输入	GL840	—	±0.6℃

5.2.2 结果与讨论

1）数值模型验证

数值模拟的边界条件和实验相同，将 PCM 的物性参数代入数值模拟中，将实验结果与相应的数值模拟结果进行比较，验证模型的正确性。冰蓄冷系统组成成分的物理性质见表 5.2.4。

冰蓄冷系统组成成分热物理性质 **表 5.2.4**

性质	水	不锈钢(管壁)	保温材料(水槽壁面)
密度(kg/m^3)	见式(5.1-9)	7930	45
比热容[J/(kg·K)]	4200	500	1720
导热率[W/(m·K)]	见式(5.1-10)	16.3	0.02
相变温度(℃)	0	—	—
相变热(J/kg)	333146	—	—
动力黏度(kg/m·s)	0.001732	—	—

图 5.2.6 显示了蓄冰过程中，光管蓄冰槽和波节管蓄冰槽中心位置水温的模拟结果与实验结果的对比。从图中可以看出，实验结果与模拟结果曲线趋势基本吻合，数据误差最大为 0.5℃。光管蓄冰槽的模拟结果与实验结果的均方根误差为 0.31，波节管蓄冰槽的模拟结果与实验结果的均方根误差为 0.26，证明了数值模拟的正确性。在蓄冰过程中，光管系统的模拟温度高于实验温度，这可以归因于光管蓄冰槽内测量水温的温度传感器存在误差。

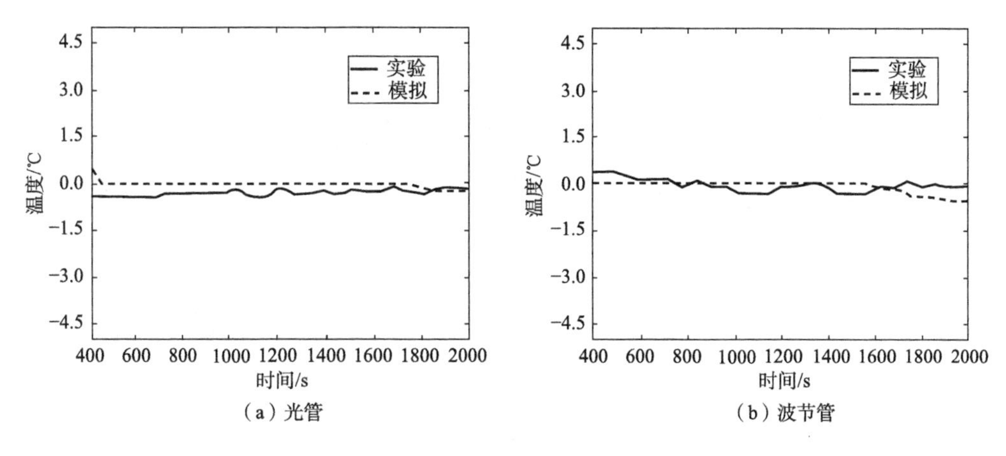

图 5.2.6 光管和波节管换热器的水温模拟验证

在蓄冰过程，水温维持在 0℃相对平稳，PCM 处于冰水混合状态。在蓄冰后期，模拟温度呈现下降趋势，而实验温度依旧保持 0℃。这是因为实验过程中，蓄冰槽中间的 PCM 一直处于冰水混合状态，没有完全结冰。而模拟过程由于将实际模型进行了二维简化，因此水槽中间的 PCM 在蓄冰后期已完全变成固态冰，换热形式也由潜热换热变为显热换热，因此温度呈现下降趋势。

2）温度分布研究

盘管径向截面在各时间点的温度场如图 5.2.7 所示。150s 时槽内温度未达到冰点，PCM 均为液态，槽内自然对流的现象最为明显。蓄冰初期水域很大，蓄冰槽上部温度比下部温度高，自然对流效果较强，随着冰层厚度的增加，水域逐渐变小，自然对流效果减弱，从而热量交换中导热所占的比重越来越大。盘管径向截面的管外温度场呈近似圆环状分布且越靠近盘管温度越低。这是由于传热流体吸收水的热量。当水的温度达到冰点时水开始结冰，从靠近管壁处开始，从内向外逐渐结冰。

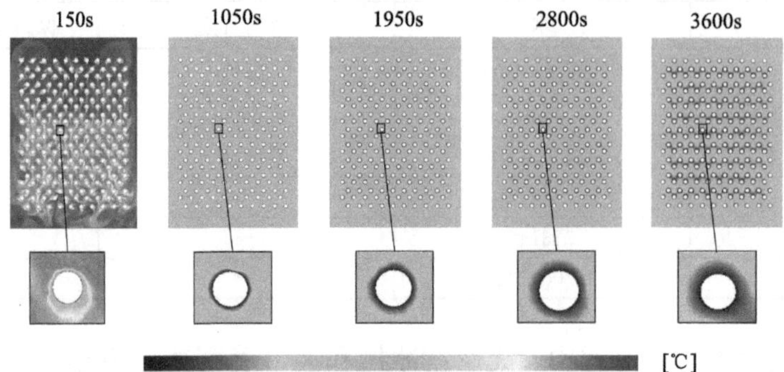

图 5.2.7　盘管径向截面温度分布

图 5.2.8 为盘管径向截面在各时间点的液相率分布。可以看到冰层先在盘管底部形成。这是由于自然对流的作用，密度小的水上浮，密度大的水下沉，因此盘管下部的水先成冰。随着蓄冰时间的增加，冰层不断变厚，逐渐呈近似圆环状分布。随着冰层不断变厚，自然对流一定程度上受到了抑制，蓄冰后期以导热传热为主。

图 5.2.8　盘管径向截面液相率分布

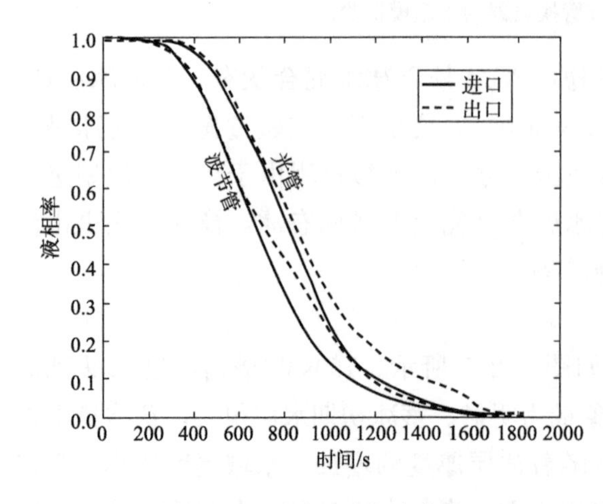

图 5.2.9　进出口液相率曲线

图 5.2.9 为光管和波节管系统中 PCM 进出口的液相率曲线。在相同蓄冷量条件下，光管系统模拟完成蓄冰的时间为 1980s，波节管系统模拟完成蓄冰的时间为 1840s，相比光管系统传热速率提升了 7.1%。对比进出口的液相率曲线可以看出，管段外侧同一时刻不同部位的结冰厚度不同。入口处的冰层最厚，出口处的冰层最薄。这是由于传热流体温度沿轴向方向不断降低，管壁与水的换热效率降低。此外管外的结冰

速率随着蓄冰时间的增加而降低，因为蓄冰过程中冰层厚度的增加导致热阻增大，换热效率降低。对于波节管换热器，出口处的液体分数变化率在前 600s 为 2.58/h。在接下来的 600s 内，液体分数下降到 2.22/h，在模拟的最后 640s 内，液体分数变为 0.56/h；对于光管换热器，出口液体分数的变化率在前 1100s 为 2.45/h，在后 880s 降至 1.02/h。

图 5.2.10 为两种换热器在蓄冰时间为 500s 时的温度分布云图。根据边界层理论，边界层内流体流动缓慢，传热以导热为主，因此近壁面区域的温度梯度较大。波节管的波节破坏了边界层的发展，加强了流体的扰动，降低了边界层内的温度梯度，因此波节管与光管系统相比强化了传热。

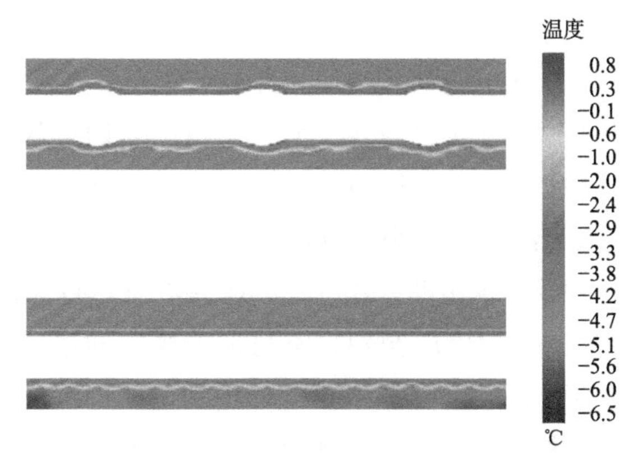

图 5.2.10　光管和波节管换热器 500s 时刻温度分布对比

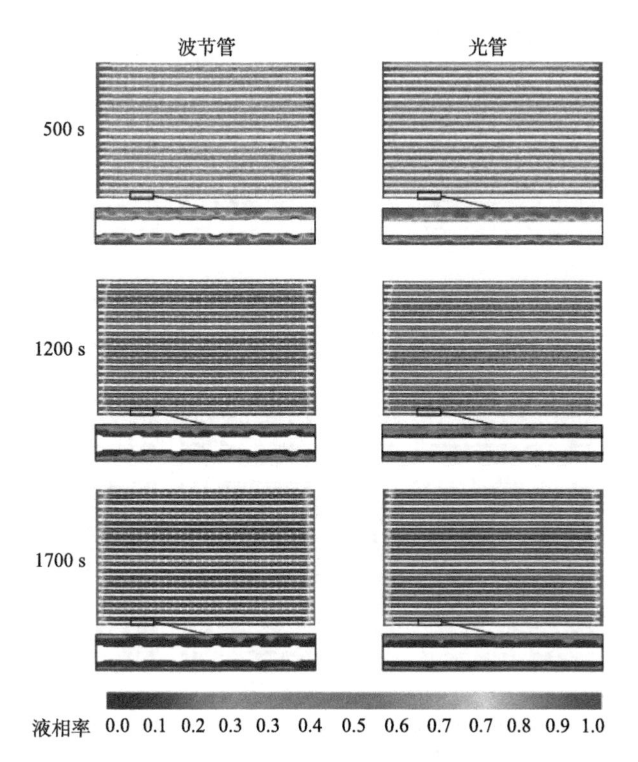

图 5.2.11　光管和波节管换热器的液相率分布

图 5.2.11 为光管和波节管换热器在不同蓄冰时刻的液相率分布云图。相同时刻波节管比光管管外的冰层更厚，说明波节管的传热效果优于光管。波节管结构与光管结构相比传热面积增大，且波节管壁面和流通面积不断变化，流体流动形态也随之改变。波节管壁面积周期性改变，对流体产生扰动作用，破坏和削弱了液体边界层，从而提高了对流传热效率。

3）波节管蓄冰盘管优化设计研究

通过改变波节管的波节距和波节高度，研究波节管结构对蓄冰性能的影响。

（1）波节距对蓄冰性能的影响

在相同蓄冷量的条件下，改变波节管的波节距，将波节距分别为 90mm（工况 1）、54mm（工况 2）和 37.5mm（工况 3）三种波节管布置在蓄冰槽中。图 5.2.12 显示了三种工况下蓄冰槽在蓄冰时间为 500s、1200s、1700s 时的液相率分布情况。同一时刻，波节距越小，管外冰层越厚，且随着蓄冰时间的增加，三种工况下冰层厚度的差距越来越明显。这是因为波节距越小，管内传热流体与管外 PCM 的换热面积越大，换热量越多，冰层越厚。而蓄冰初期，由于 PCM 为液态，自然对流作用较强，波节距小的波节管对于边界层的扰动更加剧烈，不易形成固定的冰层，因此蓄冰初期三种工况下的冰层厚度差异不明显。随着蓄冰时间的增加，冰层逐渐变厚，水域减少，自然对流受到抑制，对流传热为主转变为导热传热为主，因此波节越多的波节管外冰层越厚。

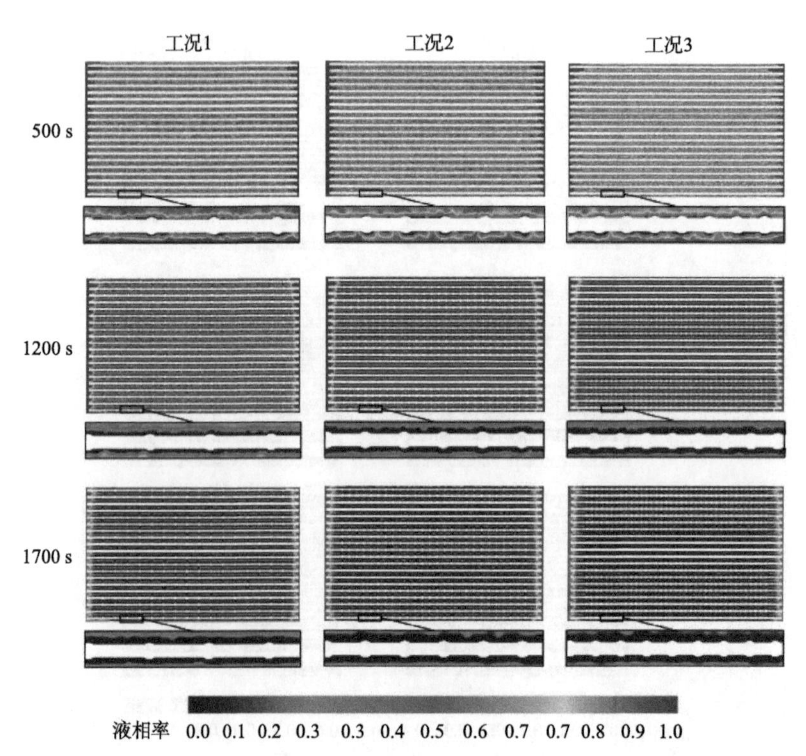

图 5.2.12 不同波节距的轴向方向液相率分布对比

为了定量评估波节距对波节管蓄冰系统蓄冰性能的影响，图 5.2.13 展现了三种工况下盘管出口近壁面处的液相率曲线。在相同蓄冷量的条件下，随着波节距的减小，蓄冰时间减少。工况 2 和工况 3 的模拟蓄冰时长分别为 1840s 和 1740s，与工况 1 相比蓄冰时间分别减少了 5.2% 和 10.3%，蓄冷效率均有所提升。

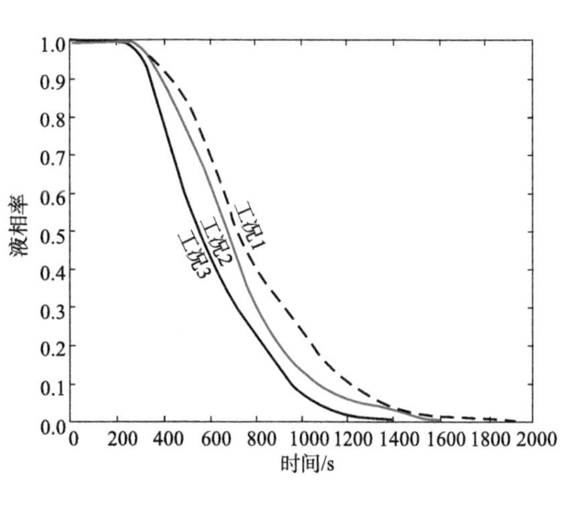

图 5.2.13　不同波节距的出口处液相率曲线

（2）波节尺寸对蓄冰性能的影响

在相同蓄冷量的条件下，改变波节管波峰的尺寸，将波峰高度分别为 25mm（工况 2）、28mm（工况 4）、32mm（工况 5）三种波节管布置在蓄冰槽中。图 5.2.14 显示了三种工况下蓄冰槽在蓄冰时间为 500s、900s、1300s 时的液相率分布情况。500s 时刚开始成冰，三种工况的成冰效果差异不明显；随着蓄冰时间的增加，到 900s 时，波节管外已全部覆盖冰层，且波峰高度越大，冰层越厚。这是因为波峰高度越大，管内传热流体与管外 PCM 的换热面积越大，换热效率越高。而蓄冰初期，自然对流作用较强，波峰高度大的波节管对于边界层的扰动更加剧烈，因此蓄冰初期三种工况下的冰层厚度差异不明显。随着蓄冰时间的增加，冰层逐渐变厚，水域减少，自然对流受到抑制，波峰高度越大的波节管外冰层越厚。

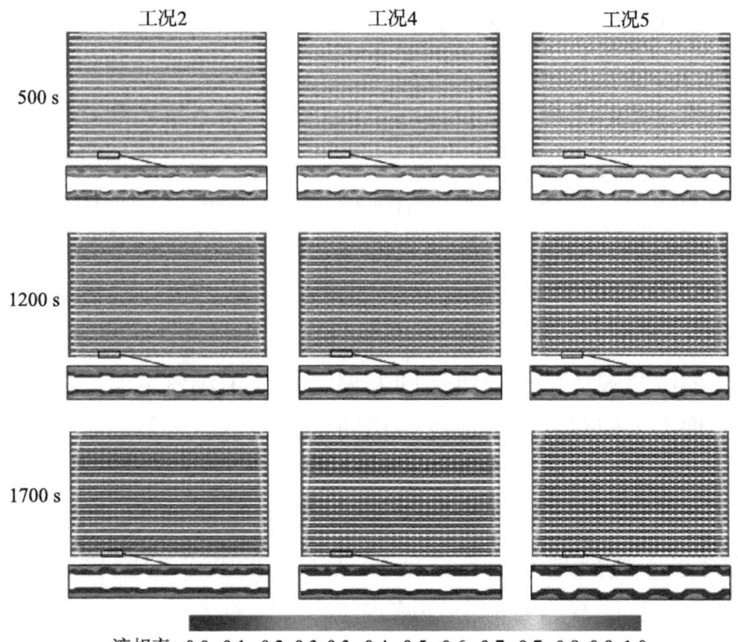

图 5.2.14　不同波节高度的轴向方向液相率分布对比

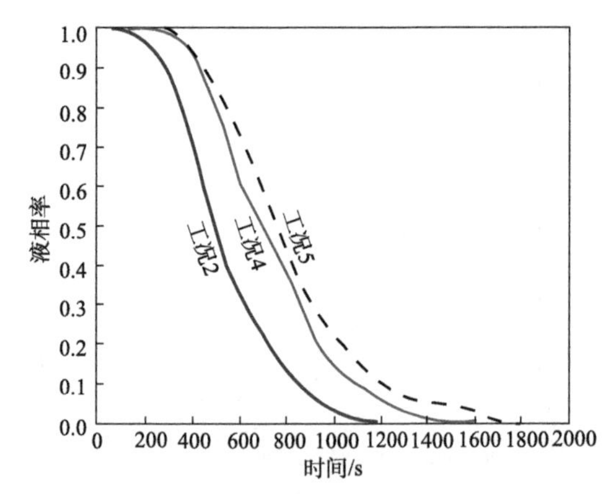

图 5.2.15　不同波节高度的出口处液相率曲线

图 5.2.15 为三种工况下盘管出口近壁面处的液相率曲线图。在蓄冷量相同的条件下，随着波峰高度的增加，蓄冰时间减少。工况 4 和工况 5 的模拟蓄冰时长分别为 1680s 和 1300s，与工况 2 相比蓄冰时间分别减少了 8.7%和 29.4%，提升了蓄冷效率。

研究结果表明，优化波节管的几何结构对于提高蓄冰槽的蓄冰效率具有十分重要的价值。在蓄冷量相同的条件下，波节管的波节距越小，波峰高度越大，波节管换热器的传热效率越高，蓄冷性能越好。与优化波节距对蓄冰槽性能的影响相比，优化波峰高度的影响更加显著。

5.2.3　结论

利用 CFD 对简化的二维模型进行数值模拟分析，结合实验和数值研究，对两种结构的换热器的传热特性进行比较研究，分析波节管换热器的温度和液相率分布，研究其强化传热机理，可得出以下结论：

(1) 数值模拟结果与实验结果高度吻合。光管和波节管的数值结果与实验结果的均方根误差分别为 0.31 和 0.26，证明该模型对于冰蓄冷性能预测具有可行性。因此基于该模型的预测研究是合理可靠的。

(2) 蓄冰初期，盘管下方比盘管上方先形成冰层。随着蓄冰时间的增加，盘管径向截面的管外温度分布和液相率分布呈近似圆环状，蓄冰槽内换热方式由对流为主转变为导热为主。

(3) 管段外侧同一时刻各个位置的结冰厚度不同，沿管段轴向方向冰层厚度逐渐减少，且随着蓄冰时间的增加，蓄冰速率降低，对于波节管换热器，出口处的液体分数的变化率从 2.58/h 降低到 0.56/h。对于光管换热器，出口处的液体分数的变化率从 2.45/h 降低到 1.02/h。

(4) 波节管的波节破坏了热边界层的发展，加强了湍流混合，降低了边界层处的温度梯度，从而增强了传热。在其他条件相同的情况下，波节管换热器比光管换热器的蓄冰时间缩短了 7.1%。

(5) 改变波节管几何结构对于蓄冰槽的蓄冰性能影响很大。波节距越小，波峰高度越大，系统的蓄冰性能越好。与 90mm 波节距的波节管相比，54mm 波节距和 37.5mm 波节距的波节管蓄冰时间分别减少了 5.2%和 10.3%；与波节高度为 25mm 的波节管相比，波节高度为 28mm 和 32mm 的波节管蓄冰时间分别减少了 8.7%和 29.4%。

5.3 超声波促进冰蓄冷系统蓄冰槽浮冰融冰研究

“蓄冰槽浮冰”问题是静态蓄冰系统的顽疾，在盘管融冰过程中，部分冰管、冰柱会形成碎片，这些碎片漂浮水面形成冰层，不仅限制了冷量的释放，更使得冰蓄冷自控系统冰量传感器难以准确工作，进而影响系统的自动化控制。目前，国内外冰蓄冷行业及研究机构解决“蓄冰槽浮冰”问题的常用方法是鼓风曝气，通过空气搅拌、压缩空气升温等实现对冰层的融化。但这种解决方式带来的问题是风机能耗增加了系统能耗，空气升温也消耗了蓄冰槽内大量冷量，不利于系统节能运行。

本研究针对“蓄冰槽浮冰”问题，提出超声波融冰技术，充分利用超声波的空化和机械作用，对冰块进行融化促进，与空气搅拌相比，能量作用点更为集中，能耗更低。该技术形式简单，控制方便，可用于静态蓄冷系统建设及其老系统的改造，与目前行业内采用的鼓气曝气方式比较，可以降低系统的运行能耗，同时也减少了蓄冰冷量的损耗，有助于节能。这里通过实验测试了不同的超声波功率、作用时间对冰块的融化特性，为该技术的推广和使用提供重要参考。

5.3.1 蓄冰槽浮冰形成过程

冰蓄冷融冰时，开启乙二醇循环泵，通过板式换热器换热融化蓄冰盘管上的冰层，释放蓄冰盘管所储存的冷量。融冰过程分为四个过程，如图 5.3.1 所示。

过程 1

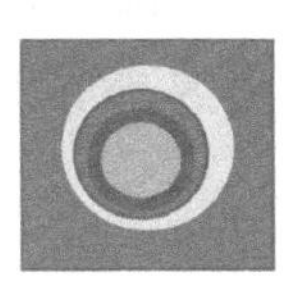

过程 2

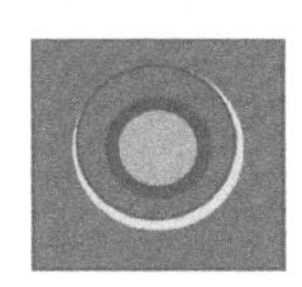

过程 3

过程 4

图 5.3.1 融冰过程

过程 1 刚开始融冰，蓄冰盘管和冰层之间还没有产生水环；过程 2 融了一会之后，在蓄冰盘管之间和冰层之间开始出现很小的水环；过程 3 随着融冰时间的延长，蓄冰盘管和冰层之间的水环越来越大，但是冰层还没有破碎；过程 4 水环随着蓄冰盘管和冰层之间的水环越来越大，冰层变得越来越薄，最后冰层破碎，形成碎冰上浮，在蓄冰槽水面聚集，长时间无法融化，越积越多，最后形成蓄冰槽浮冰层。

5.3.2 实验装置与方法

1）主要实验装置与参数

超声波清洗机　型号 KMD-2812，功率 0～600W，频率 28kHz，容量 300×400×300（mm），生产厂商：深圳市科美达超声波设备有限公司。

电子天平　型号 JJ1000，精度 0.01g，生产厂商：常熟市双杰测试仪器厂。

冰块模具：底部 17mm×23mm，顶部 28mm×31mm，高 26mm（大）；底部 7mm×12mm，顶部 12mm×17mm，高 14mm（小）。

冰块冷冻：−18℃，时间＞24h。

2）实验方法

首先，将超声波清洗机清理干净，量取一定质量的自来水，倒入超声波清洗机的水槽中，实验周期内自来水水温恒定在 18℃。接通超声波发生器总电源，旋转功率按钮调整至设定值，直到稳定。从冰箱中取出并快速称量一定质量冰块投入水槽中，同时观测水温初始值（实验周期内初始值均为 19℃），并开始计时。每隔一定时间将冰块用筛网快速捞出并称量冰块质量，称量后再快速放回水槽中，同时记录水温。直到冰块基本融化，整个实验结束。实验室位于天津市津南地区，实验时的室温在 22～24℃。

根据实验记录数据，计算分析变量，其中功率密度是功率值与水质量的比，W/kg（水）；冰水比是冰与水的质量比；残冰率是剩余冰质量与初始冰质量的比值，%。

3）结果与分析

超声波是弹性机械振动波，在液体介质中，当超声强度达到一定值后便会发生空化现象，即超声在液体中传播时，引起液体中空腔产生、长大、压缩、闭合、反跳快速重复性运动的特有物理现象。在空泡崩溃闭合时产生局部高压、高温，结合超声波的机械波特性，可以对冰的融化起到很好的促进作用。并且由于超声波具有很好的方向性，在应用中可以控制在冰层范围内，提高能量的利用效率。这里通过实验测试并分析不同超声波功率密度、冰水比、冰块大小和初始冰量等对融冰速度和水温的影响。

（1）功率密度的影响

功率是影响超声波发生作用最直接的因素，实验首先测试了在冰水比 0.2、初始冰量 2.3kg 条件下，不同功率密度对融冰速度和水温变化的影响。结果如图 5.3.2 和图 5.3.3 所示。

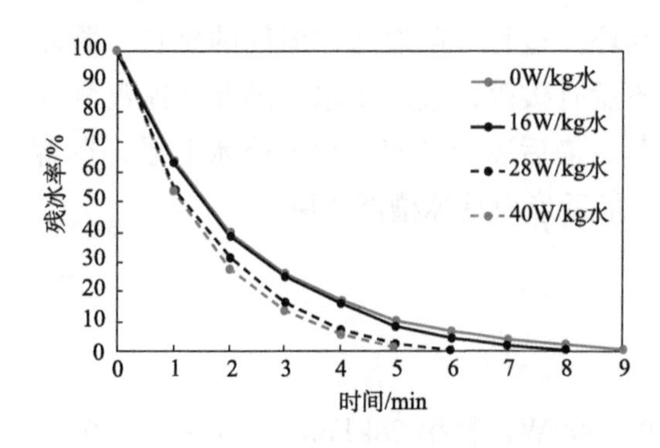

图 5.3.2　功率密度对融冰的影响

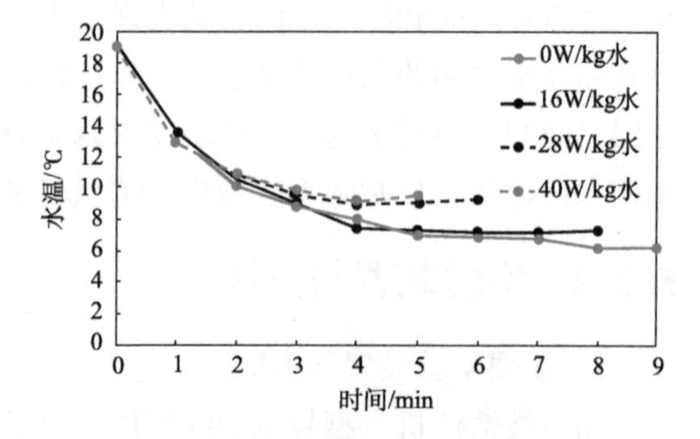

图 5.3.3　功率密度对水温的影响

从图 5.3.2 中可以看出，在无超声波和不同功率超声波作用下，冰的融化速度并不是线性的，而是随着时间的增加而减缓融冰，主要原因在于随着冰的融化，释放的冷量使得水温逐渐降低（如图 5.3.3 所示），使得冰水传热温差降低。从图中还可以看出，较低的功率密度（如 16W/kg 水）和无超生波相比，融冰速度和水温变化的差别并不十分显著，而较高的功率条件下，28W/kg 水和 40W/kg 水的融冰速度和水温变化也比较接近。说明较低的功率密度并不能产生显著影响，而功率密度也并非越高越好（会引起能耗增加），因此从技术性能和经济性综合比较，存在一定的最优值。

（2）冰水比的影响

实验分别选取 16W/kg 水和 40W/kg 水两个功率密度，初始水量为 11.5kg，测试不同冰水比对融冰速度和水温变化的影响。实验结果见图 5.3.4～图 5.3.7。

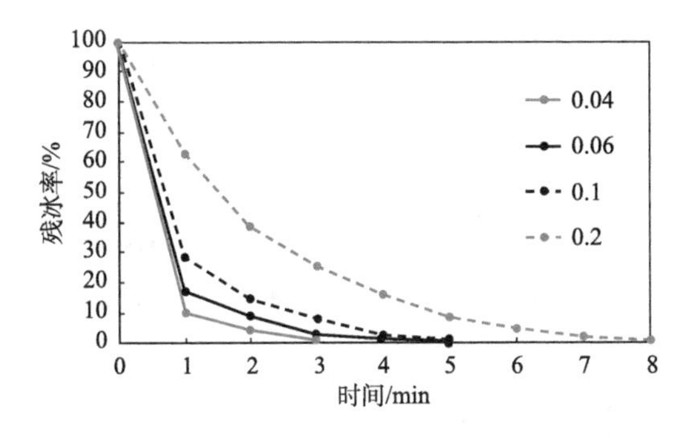

图 5.3.4 冰水比对融冰的影响（16W/kg 水）

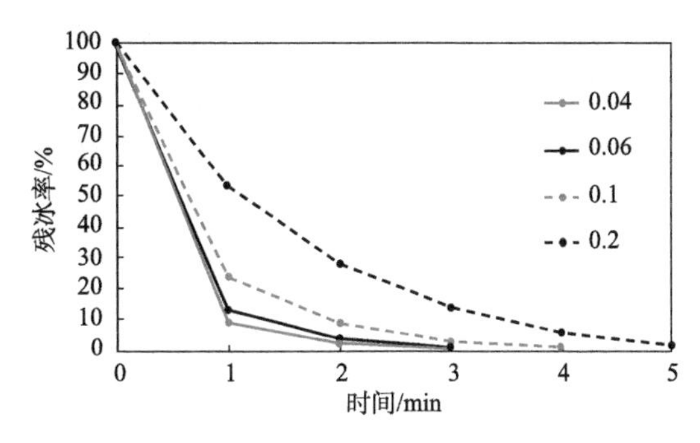

图 5.3.5 冰水比对融冰的影响（40W/kg 水）

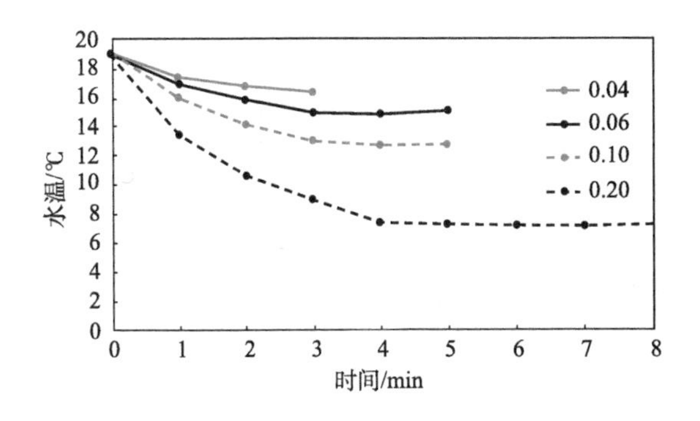

图 5.3.6 冰水比对水温的影响（16W/kg 水）

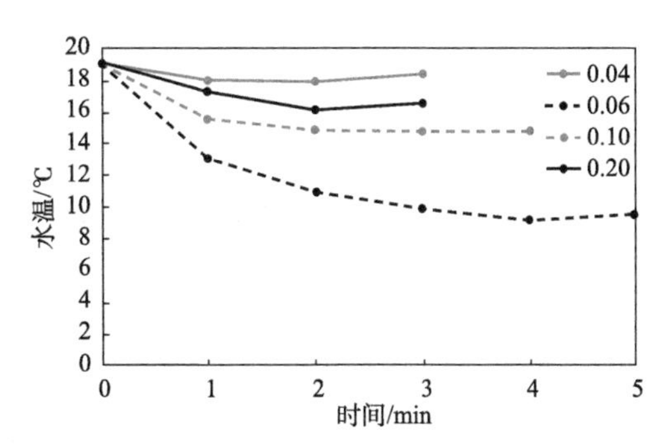

图 5.3.7 冰水比对水温的影响（40W/kg 水）

从图中可以看出，两种功率密度条件下，不同的冰水比对融冰速度和水温变化的影响均有相同的规律。冰水比越大，冰的融化速度越慢，全部融化需要的时间越长，终止水温的温度值越低。这些结论符合理论和实践上正常的认知，因为在初始水量一定的情况下，冰水比越大，蓄冰量越大，释冷时间越长，融冰速度越慢，终止水温越低。尽管冰水比越大的情况，向环境中释放的冷量也越多，冷损失速率也越快，但不足以抵消冷量增加带来的差异影响。

（3）冰块尺寸的影响

冰块大小决定了冰块的表面积，进而影响冰水传热面积的大小。本实验测试了不同功率密度和不同大小冰块组合情况下的融冰速度。实验中冰水比 0.2，初始冰质量 2.3kg，结果如图 5.3.8 所示。

从图中可以看出，相同功率情况下，小尺寸冰块的融冰速度明显快于大尺寸冰块，特别是在较低功率（16W/kg 水）的情况下，这个差异更为明显。同样，对于大尺寸冰块，融冰困难情况下，功率对融冰的差异影响更为明显。

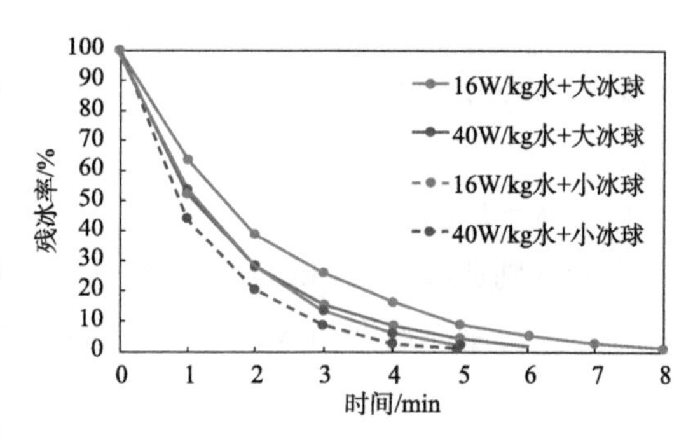

图 5.3.8　冰块尺寸对融冰的影响

（4）初始冰量的影响

实验测试了冰水比 0.2、功率密度 40W/kg 水情况下，不同初始冰量对融冰速度和水温的影响。结果如图 5.3.9 和图 5.3.10 所示。

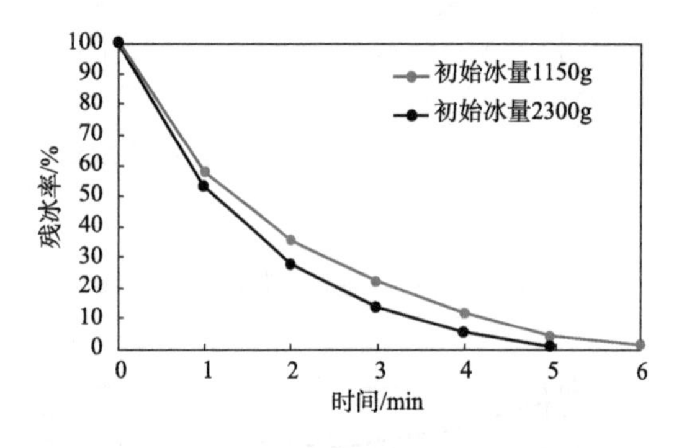

图 5.3.9　初始冰量对融冰的影响

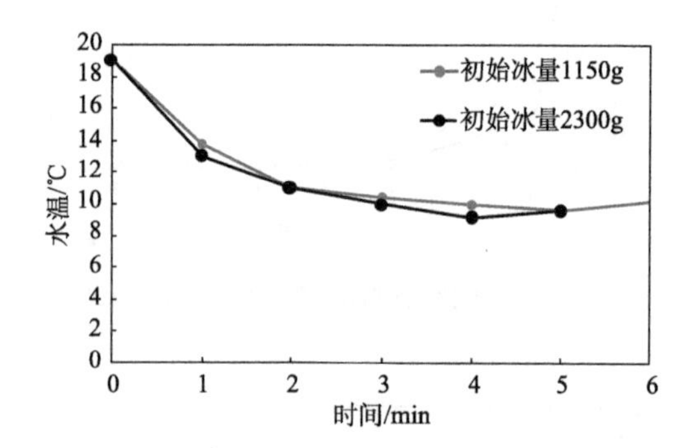

图 5.3.10　初始冰量对水温的影响

从图中可以看出，因冰水比和功率密度相同，初始冰量对融冰速度和水温变化影响并不十分明显，存在的并不明显的差异主要在于系统向环境中散热量不同引起。说明冰的冷量主要释放到水中，冰水比和功率密度对融冰传热的影响更大，实验时间内环境散热并不占据主要。

4）融冰曲线拟合

为方便工程设计和实践操作，可将上述分析中的融冰曲线（残冰率随时间变化）进行拟合，并得到拟合式的 $R2$ 值，列于表 5.3.1 中，以选用合适的拟合模型公式。从表中数据可以看出，各融冰曲线，采用指数模型进行拟合的 $R2$ 值在 0.9695～0.9845，采用对数模型拟合的 $R2$ 值在 0.7987～0.982，采用 2～4 次多项式模型拟合的 $R2$ 值范围分别为 0.8776～0.9915、0.9742～1、0.9971～1。由此可见，采用指数模型进行曲线拟合和过程表述，在各种情况下的融冰过程均具有良好的适用性，对数模型则适用性较差，部分情况出现较大偏差。多项式拟合则需要采用较高次式进行表述，如 3 次或 4 次。

融冰曲线拟合 *R*2 值表 **表 5.3.1**

工况变量		指数拟合	对数拟合	多项式拟合		
固定量	变化量			2次	3次	4次
冰水比 0.2，初始冰量 2.3kg，大尺寸	功率 0W/kg水	0.9825	0.9707	0.9732	0.998	0.9998
	功率 16W/kg水	0.9724	0.9804	0.9829	0.9982	0.9998
	功率 28W/kg水	0.9695	0.976	0.9855	0.9981	0.9998
	功率 40W/kg水	0.9752	0.982	0.9915	0.9998	1
功率 16W/kg水，初始冰量 2.3kg，大尺寸	冰水比 0.04	0.9698	0.8382	0.9507	1	1
	冰水比 0.06	0.9772	0.7987	0.8776	0.9742	0.9971
	冰水比 0.1	0.9845	0.8755	0.9198	0.9848	0.9991
	冰水比 0.2	0.9724	0.9804	0.9829	0.9982	0.9998
冰水比 0.2，初始冰量 2.3kg	功率 16W/kg水＋大尺寸	0.9734	0.9804	0.9829	0.9982	0.9998
	功率 16W/kg水＋小尺寸	0.9792	0.9646	0.9776	0.9985	0.9999
	功率 40W/kg水＋大尺寸	0.9752	0.982	0.9915	0.9998	1
	功率 40W/kg水＋小尺寸	0.9735	0.9504	0.9782	0.9981	1

5）结论

通过实验测试与分析发现，超声波对蓄冰槽浮冰融冰具有明显的促进和强化作用，受功率、冰水比、冰块大小的影响，功率越大、冰水比越小、冰块尺寸越小，融冰速度越快。此外还发现，受技术和经济性多重影响，功率密度存在最优值，应用中需要根据实际情况进行优化选择；对于较大尺寸冰块，大功率超声波对融冰的促进作用更明显。为了更好地指导工程实践，在设计和运行操作中可以采用指数模型或较高次多项式模型进行拟合表述融冰过程。采用超声波解决冰蓄冷运行中存在的蓄冰槽浮冰问题，可以降低系统运行能耗，同时减少系统运行时蓄冰量的损耗，使整个系统运行更加节能。

5.4 基于数值模拟的相变蓄热槽优化设计

相变蓄热系统有助于能源供需的平稳运行。这里分别建立了纯水蓄热槽和含相变模块蓄热槽的物理模型，利用 CFD 对考虑自然对流的蓄热槽蓄热、放热过程进行数值模拟。通过实验和数值模拟，比较有无相变材料的蓄热槽的热性能。通过改变相变模块数量和尺寸，研究相变模块结构参数对蓄热槽蓄放热能力的影响，综合分析了具有最佳蓄热性能的蓄热装置设计。结果表明，当蓄热槽中加入有效容积占比 5.4%的相变材料，传热流体温度范围为 60～80℃时，相比于纯水蓄热槽，含相变模块蓄热槽蓄热时间延长了 8.3%，蓄热量增加了 7.43%；放热时间延长了 20%，放热量增加了

10.52%，且纯水蓄热槽内热分层现象更加剧烈。相变材料质量相同条件下蓄热槽的蓄放热性能随相变模块数的增加而增加。综合考虑蓄热槽结构布置和蓄热性能，模拟结果为相变模块数量 24 个，尺寸为 0.45m×0.1m×0.1m 情况下蓄热槽蓄热性能最佳，提升 3.78%。

蓄热系统主要包括三种类型：显热蓄热、潜热蓄热和热化学蓄热系统。与另外两种类型相比，潜热蓄热（LHTES）系统具有蓄热容量大和蓄热温度稳定的优点。潜热是在不改变温度的情况下将固体转化为液体或将液体转化为气体所需要的能量。潜热存储材料通常称为相变材料（PCM），无机盐、石蜡、水/冰等常作为相变材料。PCM 用于多种场景，包括建筑节能、暖通空调、能量收集、电力调峰和生物应用等。

许多研究人员通过数值和实验的方法来探索和分析利用相变材料的 TES 系统。Sharma 等人研究了蓄热相变材料的使用效率，发现利用小体积的 PCM，便可以实现高能量的存储。D. N. Nkwetta 等人研究了采用 PCM 混合热能存储的家用热水应用，得出利用 PCM 蓄放热在经济战略中起着重要作用的结论。R. R Thirumaniraj 等人通过实验和数值分析研究了石蜡的蓄热能力。C. Liu 等人研究了相变材料的相变过程以及 LHTES 系统的传热过程，发现自然对流对于蓄放热过程至关重要。A. Kumar 等人设计并研究了垂直管壳式 TES 系统，通过实验研究 PCM（石蜡）在 TES 系统中的性能，证明了 PCM 作为储能介质在 TES 系统中的重要作用。

虽然 PCM 具有优势，但其极低的导热率降低了能量存储和释放的速率，限制了其广泛应用和商业化，因此提高 TES 系统的传热效率对于相变蓄热的发展至关重要。主要有两种改进方法：一是增加传热表面积，例如封装 PCM 或插入翅片。二是提高导热率，例如添加纳米添加剂或泡沫金属。在大多数情况下，除了一些水/冰的应用外，PCM 都需要被封装以防止 PCM 液相的泄漏并避免 PCM 与环境接触。封装技术可分为微米封装、纳米封装和宏观封装。A. M. Saeed 等人讨论研究了梨形蓄热系统的两种强化传热方式（插入翅片和添加纳米颗粒），发现 PCM 中加入纳米颗粒并使用高导热翅片可以提高传热速率，加速 PCM 融化。此外还有许多关于翅片强化换热的研究。S. H. Kim 等人对具有三角翅片的 LHTES 系统进行了数值研究，分析了翅片倾角对传热特性和储能性能的影响。结果表明翅片向上倾斜时，倾斜角度越大，融化速率越小；翅片向下倾斜时，倾斜角度越小，融化速率越小。A. J. Khosroshahi 等人研究了在双管换热器中同时使用纵向翅片和蓄能旋转的技术来减少蓄热时间，增加蓄能量。结果表明插入翅片加速 PCM 融化过程，旋转翅片可进一步减少融化时间。Hu 等人设计并分析了一种挡板式相变蓄热电加热装置，研究了挡板数量和厚度对蓄放热性能的影响，证明了该装置具有出口温度高、响应快、放热效率高和总体积小的特点。

在以往的研究中，对于相变模块结构参数优化的研究较少。这里对封装石蜡蓄热槽和纯水蓄热槽的蓄放热能力进行了实验和数值模拟研究，对两蓄热槽的瞬态温度分布情况进行了数值仿真模拟，分析了加入相变材料对于蓄热槽蓄、放热能力的增强作用。此外还研究相变模块数量和尺寸对蓄热槽蓄、放热能力的影响。数值模拟的结果可以为相变模块的结构参数优化提供参考。

5.4.1 研究方法

1）数值方法

采用商用软件 ANASYS Fluent 建立了蓄热槽蓄热、放热过程的非稳态模型，来研究相变模块的几何参数对系统蓄、放热性能的影响。模拟仿真的正确性通过实验结果来验证。

（1）物理模型

计算模型如图 5.4.1 所示，整个计算区域为 2m×1m×1m。蓄热槽外表面做绝热处理。将含有石蜡和 3%石墨的相变模块均匀地分布在蓄热槽中，3 行 6 列总计 18 个，占蓄热槽有效体积的 5.4%。

为了准确模拟蓄热槽蓄热、放热过程的温度分布，建立了纯水蓄热槽和相变蓄热槽的三维数值模型。为便于计算，对相变蓄热槽模型作以下假设：蓄热槽壁面均为绝热壁面，不计热损失；相变材料封装壁很薄，且不考虑不锈钢支架的蓄热量；流体为不可压缩牛顿流体；蓄热槽内的 PCM 和 HTF 的初始温度均匀一致；水的自然对流满足 Boussinesq 假设。

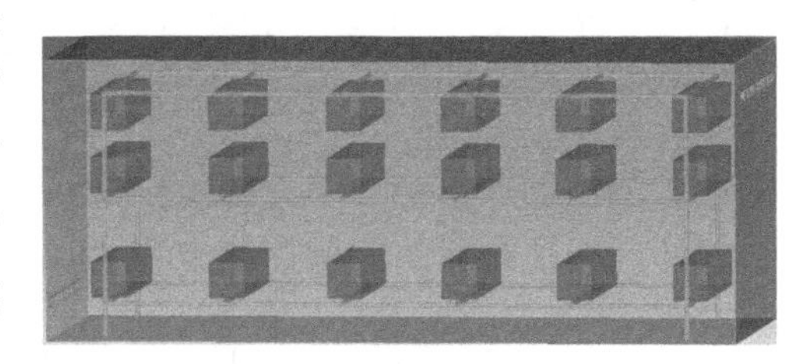

图 5.4.1 相变蓄热物理模型

（2）数学模型

ANASYS Fluent 软件中的 Solidification/Melting 模型基于焓-孔隙率方法。该方法构建焓和温度两个变量的能量方程，通过焓与温度之间的关系来计算温度分布。该方法不独立追踪两相界面，而是将其量化为液体质量分数。在糊状区，液体质量分数范围为 0～1，用来描述液相和固相的分布：

$$\beta=\begin{cases}0 & ,T\leqslant T_s \\ \dfrac{T-T_s}{T_l-T_s} & ,T_s<T<T_l \\ 1 & ,T\geqslant T_l\end{cases} \tag{5.4-1}$$

式中，T_s 为 PCM 的凝固温度，℃；T_l 为融化温度，℃。

Boussinesq 假设用于水的控制方程中的浮力项。水的控制方程如下：

质量控制方程表示为：

$$\frac{\partial u}{\partial x}+\frac{\partial v}{\partial y}+\frac{\partial w}{\partial z}=0 \tag{5.4-2}$$

式中，u、v、w 分别为 x、y、z 方向上的流速分量，m/s。

动量控制方程表示为：

$$\frac{\partial(\rho u)}{\partial \tau}+u\frac{\partial(\rho u)}{\partial x}+v\frac{\partial(\rho u)}{\partial y}+w\frac{\partial(\rho u)}{\partial z}=\frac{\partial}{\partial x}\left(\mu\frac{\partial u}{\partial x}\right)+\frac{\partial}{\partial y}\left(\mu\frac{\partial u}{\partial y}\right)+\frac{\partial}{\partial z}\left(\mu\frac{\partial u}{\partial z}\right)-\frac{\partial p}{\partial x} \tag{5.4-3}$$

$$\frac{\partial(\rho v)}{\partial \tau}+u\frac{\partial(\rho v)}{\partial x}+v\frac{\partial(\rho v)}{\partial y}+w\frac{\partial(\rho v)}{\partial z}=\frac{\partial}{\partial x}\left(\mu\frac{\partial v}{\partial x}\right)+\frac{\partial}{\partial y}\left(\mu\frac{\partial v}{\partial y}\right)+\frac{\partial}{\partial z}\left(\mu\frac{\partial v}{\partial z}\right)-\frac{\partial p}{\partial x}-g \tag{5.4-4}$$

$$\frac{\partial(\rho w)}{\partial \tau}+u\frac{\partial(\rho w)}{\partial x}+v\frac{\partial(\rho w)}{\partial y}+w\frac{\partial(\rho w)}{\partial z}=\frac{\partial}{\partial x}\left(\mu\frac{\partial w}{\partial x}\right)+\frac{\partial}{\partial y}\left(\mu\frac{\partial w}{\partial y}\right)+\frac{\partial}{\partial z}\left(\mu\frac{\partial w}{\partial z}\right)-\frac{\partial p}{\partial z} \tag{5.4-5}$$

式中，ρ 为水的密度，kg/m^3；μ 为水的动力黏度，kg/(m·s)；τ 为时间，s；p 为压力，Pa；g 为重力加速度，m/s^2。

能量控制方程表示为：

$$\frac{\partial(\rho cT)}{\partial \tau}+u\frac{\partial(\rho cT)}{\partial x}+v\frac{\partial(\rho cT)}{\partial y}+w\frac{\partial(\rho cT)}{\partial z}=\frac{\partial}{\partial x}\left(\lambda\frac{\partial T}{\partial x}\right)+\frac{\partial}{\partial y}\left(\lambda\frac{\partial T}{\partial y}\right)+\frac{\partial}{\partial z}\left(\lambda\frac{\partial T}{\partial z}\right) \tag{5.4-6}$$

式中，T 为水的温度,℃；λ 为水的导热系数，W/(m·℃)

此外，相变材料的能量控制方程为：

$$\frac{\partial(\rho_p H)}{\partial \tau}=\frac{\partial}{\partial x}\left(\lambda_p\frac{\partial T_p}{\partial x}\right)+\frac{\partial}{\partial y}\left(\lambda_p\frac{\partial T_p}{\partial y}\right)+\frac{\partial}{\partial z}\left(\lambda_p\frac{\partial T_p}{\partial z}\right) \tag{5.4-7}$$

对于相变材料，总焓通过显热焓和潜热焓相加得到：

$$H=H_S+H_L \tag{5.4-8}$$

$$H_S=H_m+\int_{T_m}^{T}c_p\mathrm{d}T \tag{5.4-9}$$

$$H_L=\beta\cdot\Gamma \tag{5.4-10}$$

式中，H 为PCM的焓，J/kg；H_m 为参考焓；T_m 为参考温度,℃；c_p 为PCM的比热容，J/(kg·℃)；$\Gamma=194000$J/kg 为PCM的相变潜热。

相变模块水侧的外表面与PCM侧的内表面热通量相同：

$$-\lambda_p\left(\frac{\partial T_p}{\partial x}\right)_w=h(T_w-T) \tag{5.4-11}$$

蓄热槽对周围环境没有热损失：

$$\frac{\partial T}{\partial x}=\frac{\partial T}{\partial y}=\frac{\partial T}{\partial z}=0 \tag{5.4-12}$$

初始时刻，蓄热槽及相变模块内的流体温度分布均匀。PCM在蓄热初始时为固态，放热初始时为液态。初始条件如下所示：

蓄热 $\tau=0$：$T=T_p$，$\beta=0$

放热 $\tau=0$：$T=T_p$，$\beta=1$

(3) 数值模拟

利用ANASYS Fluent软件对蓄热槽的蓄热和放热过程进行数值仿真模拟计算。入口温度采用expression。蓄热时，蓄热槽内水和相变材料初始温度为60℃；放热时，蓄热槽内水和相变材料初始温度为80℃。控制方程基于压力求解器求解，这是Fluent中Solidification&melting模型中的唯一选择。压力和速度求解方式采用SIMPLE算法，压力修正方程采用PRESTO格式。连续性方程和动量方程的收敛标准设置为10^{-3}，能量方程的收敛标准设置为10^{-6}。密度、压力、动量、能量和液相率的松弛因子分别设置为1.0、0.3、0.7、1.0和0.9。

首先运用Solid Works建立蓄热槽的三维结构模型，用ANASYS ICEM对物理模型进行四边形网格的非结构性网格划分，并检查网格质量确保数值结果的准确性。将网格文件导入ANASYS Fluent中，在Y方向设置重力加速度为$-9.81\mathrm{m/s^2}$，时间类型为Transient。选择计算模型为Energy模型、k-ε模型、Solidification&melting模型。添加fluid和soild材料，并设置水的密度选项为Boussinesq。

2) 实验方法

(1) 实验系统

蓄热槽实验系统如图5.4.2所示。蓄热时，电锅炉用于加热HTF（水）。对HTF和PCM的温度分布进行实时监测和记录。图5.4.3展示了相变模块样式。

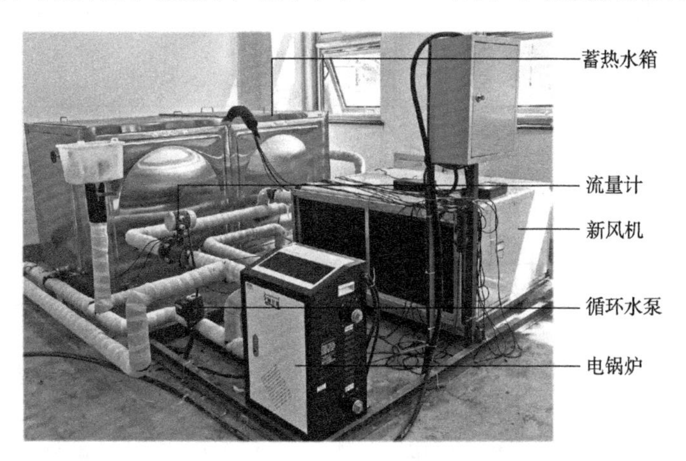

图5.4.2　实验装置图

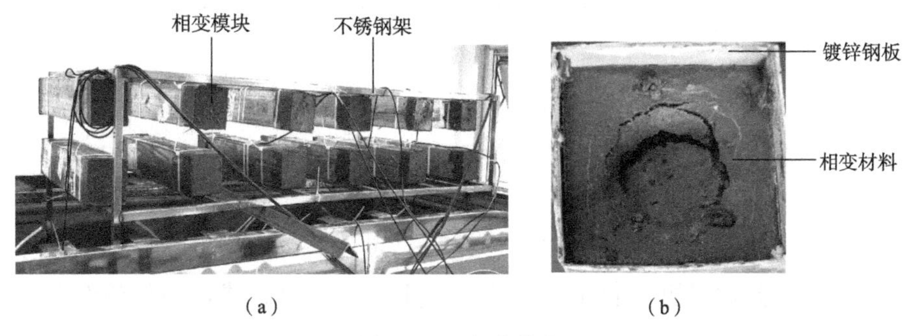

(a)　(b)

图5.4.3　相变模块

本实验选用蓄热槽为 2m×1m×1m 的规则长方体，外壳材料为不锈钢，覆盖 50mm 的聚氨酯发泡保温层。为减小蓄热槽内涡流的产生，实验进出口采用 DN32 的分水器和集水器，水流均匀进入蓄热槽，并在接触到蓄热槽内壁后均匀散开，保持内部温度相对稳定，提高蓄热槽的热效率。相变模块为 0.6m×0.1m×0.1m 的长方体，纵向固定在蓄热槽中，壁面材料为 5mm 厚的镀锌钢。实验选用石蜡为相变材料，并加入 3%的石墨以增加相变材料的导热效率。使用 Pt100 热电阻测量 HTF 和 PCM 的温度，热电阻温度传感器的位置如图 5.4.4、图 5.4.5 所示。表 5.4.1 为传感器位置说明。

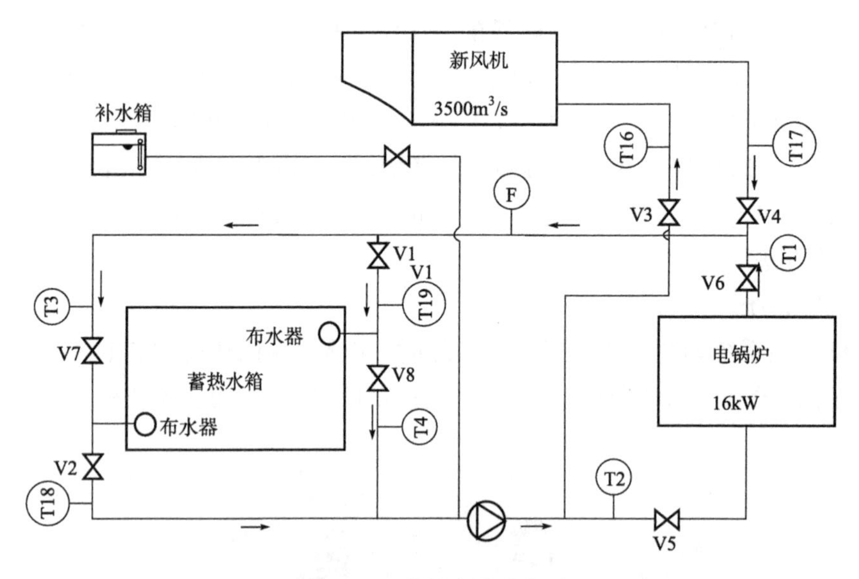

图 5.4.4　蓄热实验系统图

传感器位置说明　　**表 5.4.1**

传感器	测量参数	传感器	测量参数
T1、T2	电锅炉供、回水温度	T14	12 号相变模块温度
T3、T4	放热时蓄热槽进、出口温度	T15	蓄热槽中间水温
T5～T7	蓄热槽左侧上中下方水温	T16、T17	新风机进、出口水温
T8～T10	3、9、15 号相变模块温度	T18、T19	蓄热时蓄热槽进、出口温度
T11～T13	蓄热槽右侧上中下方水温		

(2) 实验步骤

蓄热时，水的入口温度通过电锅炉加热到 76℃以上。蓄热时，高温水进入蓄热槽，与相变模块发生热交换提高 PCM 温度；放热时，水经过 FTHE 与低温空气进行热交换来降低温度，之后进入蓄热槽。

通过开闭不同阀门，实现蓄热和放热过程。表 5.4.2 显示了蓄热和放热工况阀门的转换。为了使实验效果更加明显，蓄热时采用上进下出方式，而放热时采用下进上出的方式。

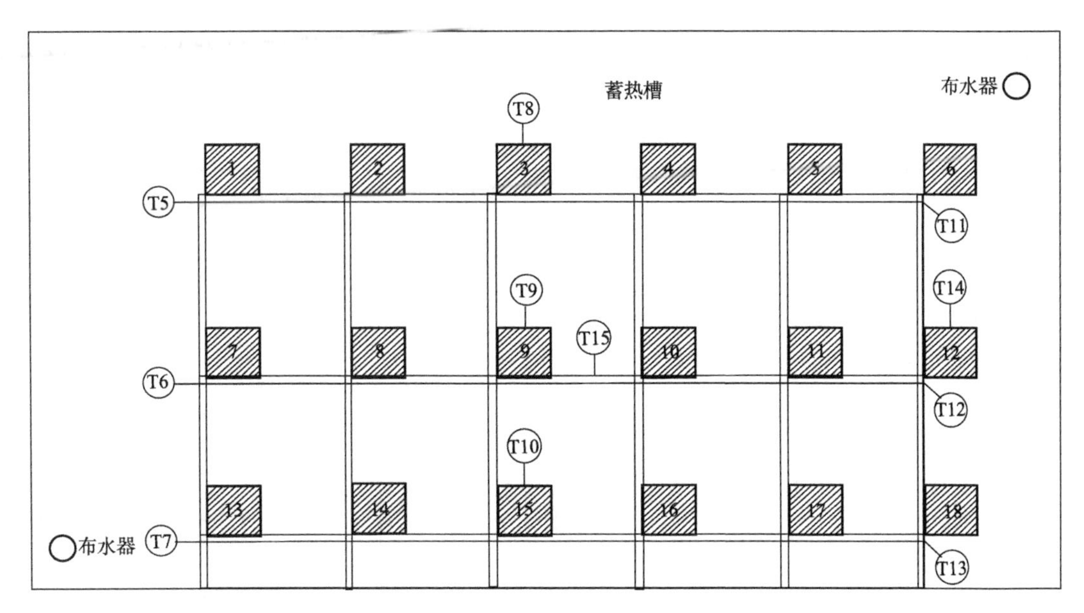

图 5.4.5 相变模块分布图

蓄放热工况转换 **表 5.4.2**

开关	V1	V2	V3	V4	V5	V6	V7	V8
蓄热	开	开	关	关	开	开	关	关
放热	关	关	开	开	关	关	开	开

蓄热前将电锅炉出口温度设为实验要求的初始温度 60℃，打开阀门 V1、V2、V5、V6，同时打开数据采集仪，循环至蓄热槽内各测点温度均达到初始温度时蓄热实验开始，检测并记录各测点温度变化，记录间隔为 10s。待各测点温度均达到 80℃时，蓄热实验结束。接着开始放热实验，关闭阀门 V1、V2、V5、V6，打开阀门 V3、V4、V7、V8，当蓄热槽内各测点温度均降低到 60℃时，放热实验结束，导出数据。

(3) 不确定度分析

热阻的理论计算表明，绝缘电阻远高于其他热阻。因此，连接到管壁的热传感器实际上测量的是管内 HTF 的温度。表 5.4.3 总结了每个测量值相关的不确定度。

测量设备的精度 **表 5.4.3**

设备	类型	量程	精度
热电阻(测量 HTF 温度)	PT100	−30～80℃	± 0.2℃
流量计(质量流量)	FS01A	2.3～$23m^3/h$	±$0.0115m^3/h$
数据采集仪:RTD 输入	GL840	—	±0.6℃

5.4.2 结果与讨论

1) 数值模型验证

数值模拟的边界条件和实验相同，将 HTF 和 PCM 的物性参数代入数值模拟中，将实验结果与相应的数值模拟结果进行比较，验证模型的正确性。LHTES 组成成分的物理性质见表 5.4.4。

LHTES 组成成分热物理性质 **表 5.4.4**

性质	PCM	水	不锈钢（支架）	镀锌钢（相变模块封装）	保温材料（蓄热槽壁面）
密度 (kg/m^3)	809.6(s) 926(l)	999.126	7930	7850	45
比热容 [J/(kg·K)]	2161	4128	500	500	1720
导热率 [W/(m·K)]	4.7337	0.6	16.3	16	0.02
相变温度 (℃)	74～76	0	—	—	—
相变热 (J/kg)	194000	333146	—	—	—
动力黏度 (kg/m·s)	0.009625(s) 0.01125(l)	0.001003	—	—	—
热膨胀系数 (1/K)	0.001	0.0021	—	—	—

图 5.4.6、图 5.4.7 分别显示了蓄热过程中，纯水蓄热槽和相变蓄热槽的水温模拟结果与实验结果的对比。从图中可以看出，水温以一定速率持续升高，实验结果与模拟结果曲线相似且接近，数据误差均在 1.5℃以内。纯水蓄热槽和相变蓄热槽的数值与实验结果的均方根误差（*RMSE*）分别为 1.84 和 1.87，满足精度要求。

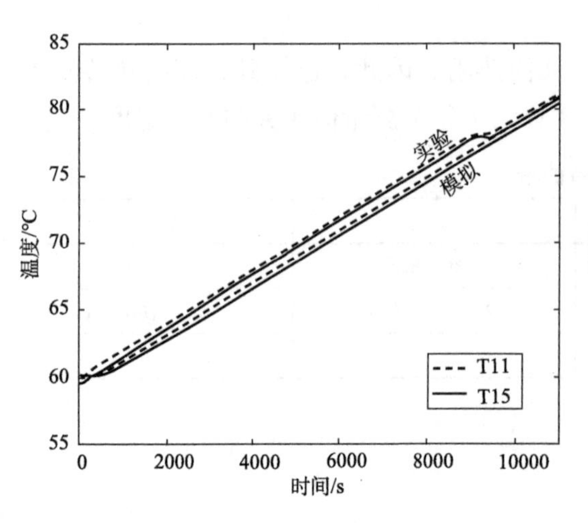

图 5.4.6 蓄热过程纯水蓄热槽模型验证

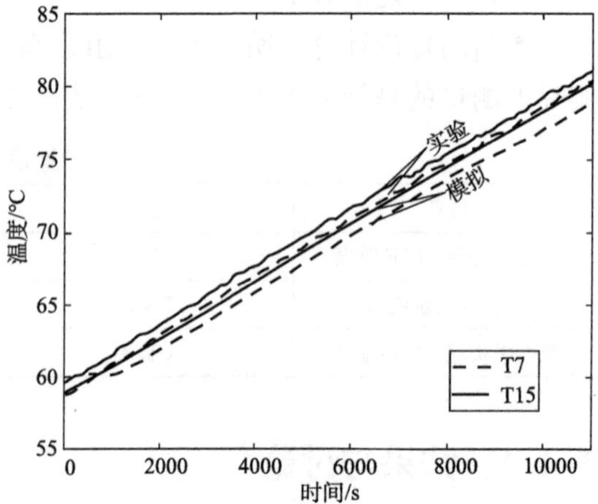

图 5.4.7 蓄热过程相变蓄热槽模型验证

2）相变模块对蓄放热性能的影响

（1）蓄热过程

纯水蓄热槽和相变蓄热槽的蓄热量分别为164975.69kJ和177236.08kJ。图5.4.8显示了纯水蓄热槽和相变蓄热槽在3000s、6000s、8000s、10000s、12000s时刻的温度分布。从图中可以看出纯水蓄热槽水平方向上的温度变化较小。蓄热槽垂直方向上的热分层现象明显，上部温度最高，底部温度最低。这是由于浮力的作用，温度高的流体上浮，温度低的水下沉。此外，蓄热过程中采用上进下出的方式，使热分层现象更加明显。蓄热过程中，含相变模块的蓄热槽最大温差可达到4℃，纯水蓄热槽最大温差可达到6℃。

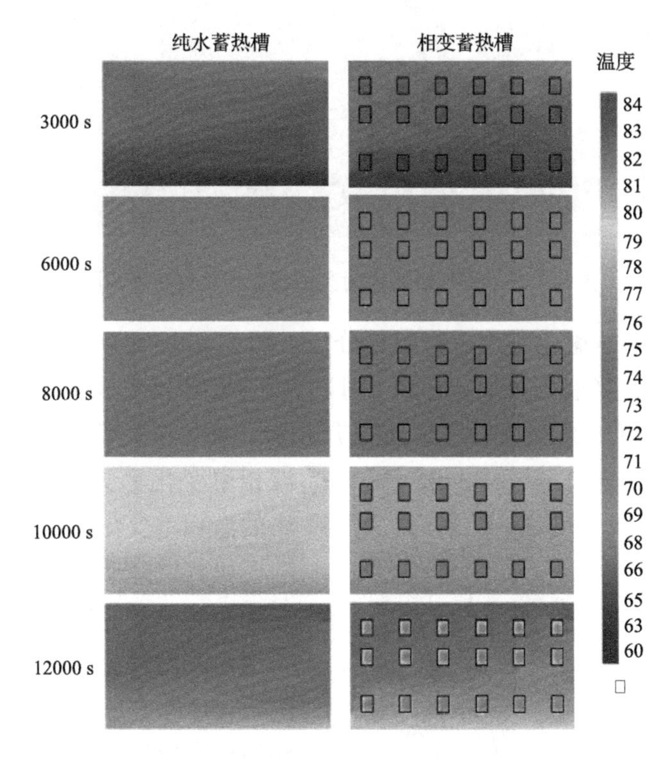

图5.4.8 纯水蓄热槽和相变蓄热槽蓄热过程的动态温度分布

对比8000s时刻的两种蓄热槽的温度云图可以发现，当蓄热槽内的水温没有加热到相变材料的融点时，含相变材料的蓄热槽和纯水蓄热槽的温度相似，且蓄热槽的分布情况大体一致。这说明相变材料在8000s内未发生相变，这期间的PCM以固体形态吸热。当加热至10000s时，从图中可以明显观察到含相变材料的蓄热槽的平均温度低于纯水的蓄热槽。此时HTF的温度高于PCM的融点，PCM已经发生融化，且温度保持不变。PCM在融化过程中需要向周围HTF吸热，因此含相变模块的蓄热槽整体温度更低。当加热到12000s时，含相变模块的蓄热槽与纯水蓄热槽的整体温差进一步增大。相变模块外缘已经基本融化成液相，温度接近周围水温。

图 5.4.9 显示了相变模块在 12000s 时的液相率云图，可以看到相变模块从外缘向中心相变，蓄热槽上部离入口最近的 6 号相变模块融化程度最大，下部 18 号相变模块融化程度最小。这是由于入口处的水温最高，越接近入口温度越高，而水流方向是从右侧上部流入，从左侧下部流出，因此蓄热槽入口下方区域温度最低，位于该区域的相变模块融化程度最低。

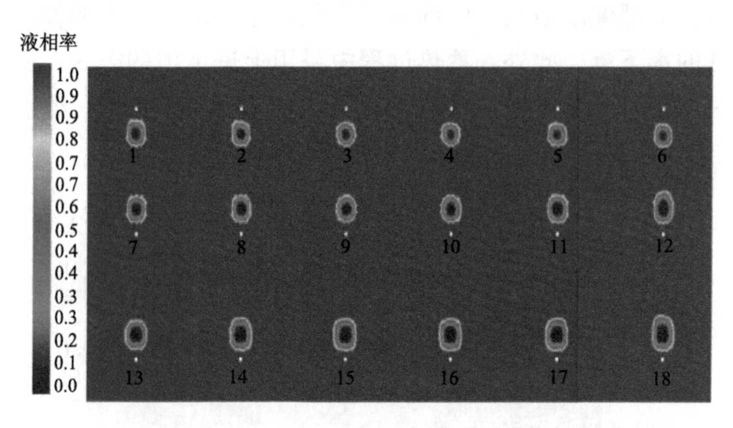

图 5.4.9　蓄热 12000s 时刻的相变模块液相率云图

进一步对相变模块融化程度进行定量分析。图 5.4.10 为不同位置的相变模块液相率随时间变化曲线。当液相率从 0 升到 1 时，表明 PCM 已完成了相变成为液相。如图所示，选择的四个模块的液相率均呈现上升趋势。6 号相变模块最先达到相变温度，液相率变化率为 0.35/h。18 号相变模块的液相率变化率为 0.26/h，与 6 号相变模块相比降低了 25.7%。这是由于先达到相变温度的模块一定程度上降低了周围水的温升速度，使得之后的相变模块熔化速率有所降低。此外，蓄热槽上部的相变模块较早达到相变温度，降低了较高位置处水的温升速度，进而降低了蓄热槽内热分层现象。

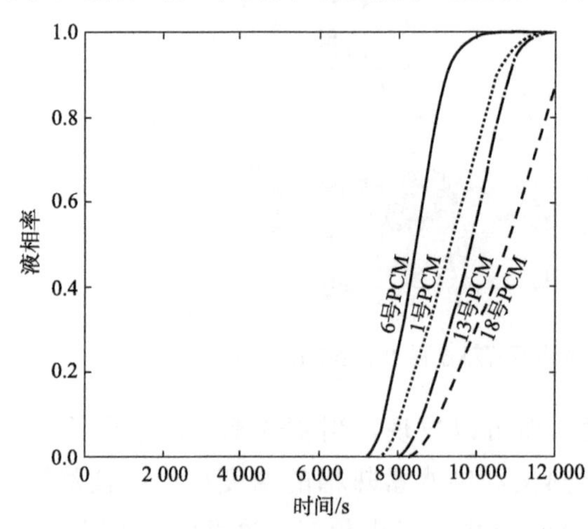

图 5.4.10　蓄热过程相变模块液相率变化

(2) 放热过程

纯水蓄热槽和相变蓄热槽的放热量分别为 164975.69kJ 和 182324.9kJ。图 5.4.11 显示了纯水蓄热槽和相变蓄热槽在 3000s、6000s、8000s、10000s、12000s 时刻的温度分布。放热过程中采用下进上出的流动方式，同样，蓄热槽垂直方向上的热分层现象明显，上部温度最高，底部温度最低。放热过程中，含相变模块的蓄热槽最大温差可达到 4℃，纯水蓄热槽最大温差可达到 6℃。

对比 1000s 时的两种蓄热槽的温度云图可以发现，当蓄热槽内的水温没有降低到

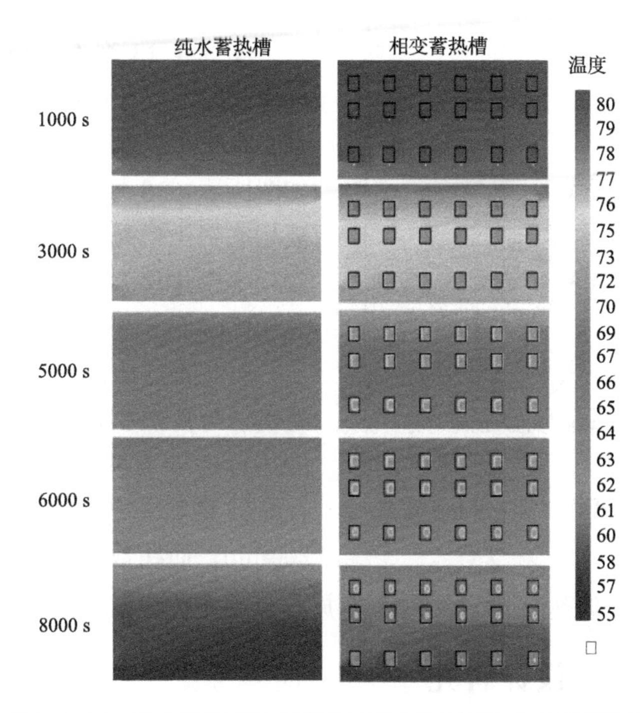

图 5.4.11　纯水蓄热槽和相变蓄热槽放热过程的动态温度分布

相变材料的凝固点时，含相变材料的蓄热槽和纯水蓄热槽的温度相似，且蓄热槽的温度分布情况大体一致。此时的石蜡以液体形态放热。当蓄热槽放热至 3000s 时，从图中可以明显观察到含相变材料的蓄热槽的平均温度高于纯水的蓄热槽。此时 HTF 的温度低于 PCM 的凝固点，PCM 已经发生凝固，且温度保持不变。PCM 在凝固过程中需要向周围 HTF 放热，因此含相变模块的蓄热槽整体温度更高。当放热到 8000s 时，含相变模块的蓄热槽与纯水蓄热槽的整体温差进一步增大。相变模块外缘已经基本凝固成固体，温度几乎与周围水温一致。

图 5.4.12 显示了相变模块在 8000s 时的液相率云图，离入口最近的 13 号相变模块凝固程度最大，1 号相变模块凝固程度最小。这表明在蓄热槽左上角处温度最高，该区域的相变模块凝固程度最低。

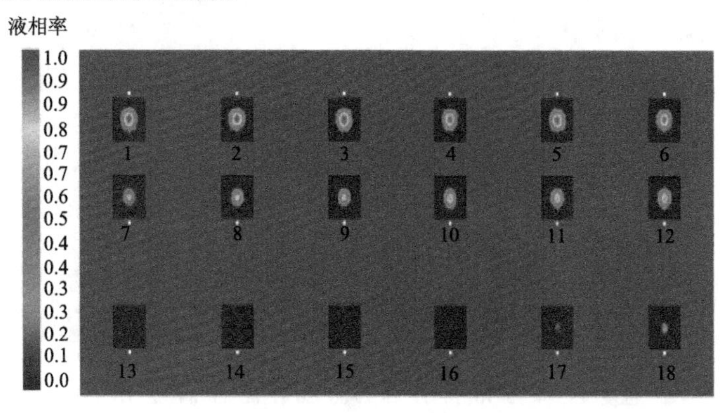

图 5.4.12　放热 8000s 时刻的相变模块液相率云图

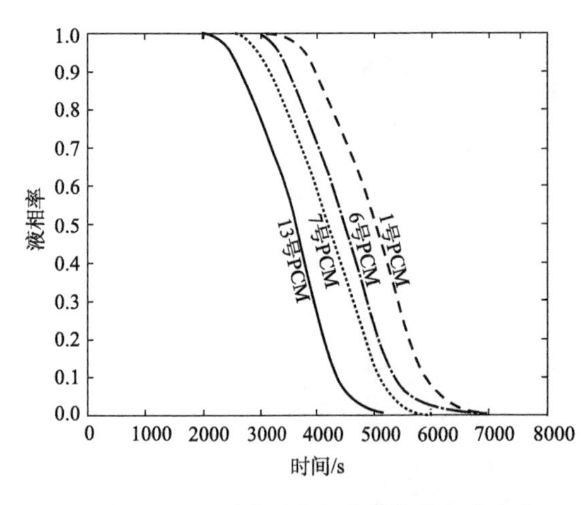

图 5.4.13　放热过程相变模块液相率变化

图 5.4.13 为不同位置的相变模块液相率随时间变化曲线。当液相率从 1 降到 0 时，表明 PCM 已完成了相变成为固相。如图所示，13 号相变模块最先开始凝固，液相率变化率为 0.68/h。1 号相变模块的液相率变化率为 0.52/h，与 13 号相变模块相比降低了 23.5%。

对比蓄热槽蓄热、放热的时间还可以看出，与蓄热相比，放热时从 PCM 到水的热传递非常快。在蓄热过程中，PCM 存储的热能为 12260.39kJ，蓄热时间为 200min；而在放热过程中，PCM 释放的热能为 17349.21kJ，放热时间为 133min。放热速率大约为蓄热速率的 1.5 倍。

5.4.3　蓄热槽优化设计研究

通过模拟相变模块不同的数量和尺寸，研究相变模块结构参数对蓄热槽蓄热、放热性能的影响。选用尺寸分别为 0.9m×0.1m×0.1m、0.6m×0.1m×0.1m、0.45m×0.1m×0.1m 的相变模块均匀分布在蓄热槽内。3 种尺寸整体 PCM 的质量相同，其模块排布方式分别为 3 行 4 列（工况 1）、3 行 6 列（工况 2）和 4 行 6 列（工况 3）。

1）蓄热过程

蓄热过程水温从 73℃升至 85℃，PCM 完成融化。3 种工况不同时刻的蓄热槽温度分布如图 5.4.14 所示。可以看出，蓄热过程中，相变模块越多，同一时刻蓄热槽内平均温度越低。这是由于尺寸不同，PCM 在模块内的厚度不同，模块越多，每个模块内 PCM 厚度越小，模块在蓄热槽内的分布越密集，PCM 与周围水的换热效果越好，水升温速率越低。

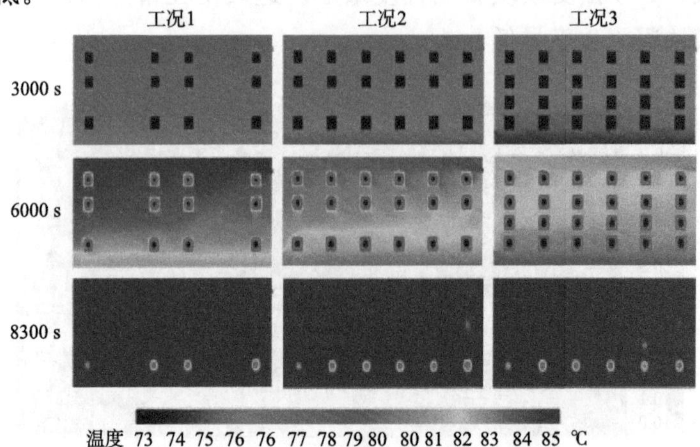

图 5.4.14　三种工况蓄热过程温度分布对比

为了定量分析相变模块数量和尺寸对蓄热槽蓄热性能的影响，图 5.4.15 显示了 3 种工况下 6 号相变模块的液相率变化情况。相同蓄热量条件下，随着相变模块数量的增加和尺寸的减小，蓄热时间减少。这是因为相变模块尺寸越小，整体 PCM 的离散化程度越高，整体换热面积越大，因此相变时间相对较短。工况 2 和工况 3 的蓄热时间分别为 8423s 和 8300s，与工况 1 相比，整体蓄热时间分别减少了 1.02% 和 2.47%。图 5.4.16 显示了 3 种工况下蓄热槽的液相率分布云图。

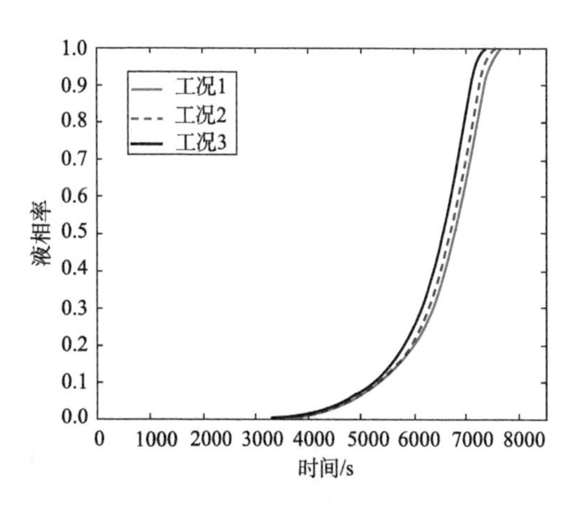

图 5.4.15 三种工况液相率

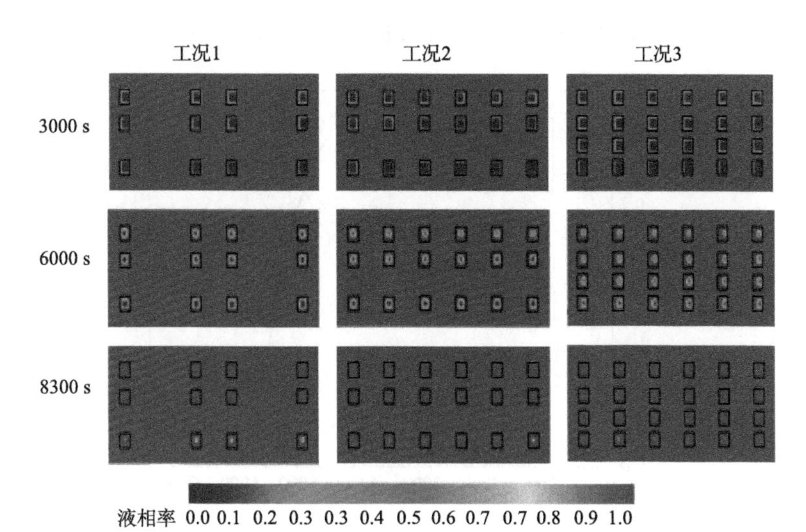

图 5.4.16 三种工况蓄热过程液相率分布对比

2）放热过程

放热过程水温从 77℃降至 53℃，PCM 完成融化。3 种工况的温度分布如图 5.4.17 所示。可以看出放热过程中，相变模块越多，同一时刻蓄热槽内平均温度越高。这是由于模块越多，模块在蓄热槽内的分布越密集，PCM 向周围水的释放热量效率越高，水温降低速率越低。

图 5.4.18 显示了 3 种工况下 13 号相变模块的液相率变化情况。相同放热量条件下，随着相变模块数量的增加和尺寸的减小，放热时间减少。相变模块尺寸越小，整体换热面积越大，因此相变时间相对较短。工况 2 和工况 3 的放热时间分别为 6950s 和 6870s，与工况 1 相比放热时间分别减少了 2.66%和 3.78%。图 5.4.19 为 3 种工况蓄热槽的液相率分布云图。

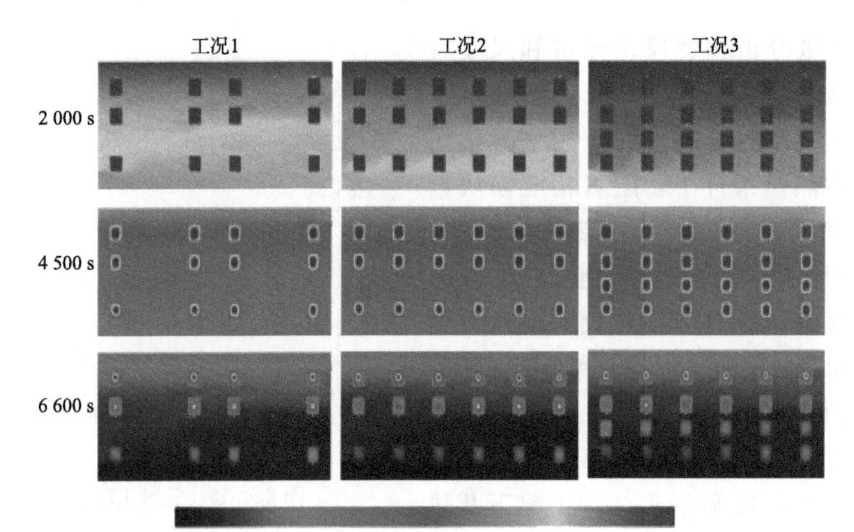

图 5.4.17 三种工况放热过程温度分布对比

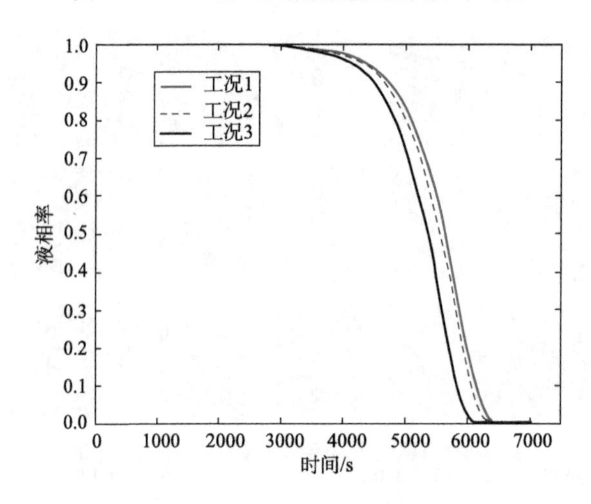

图 5.4.18 三种工况液相率

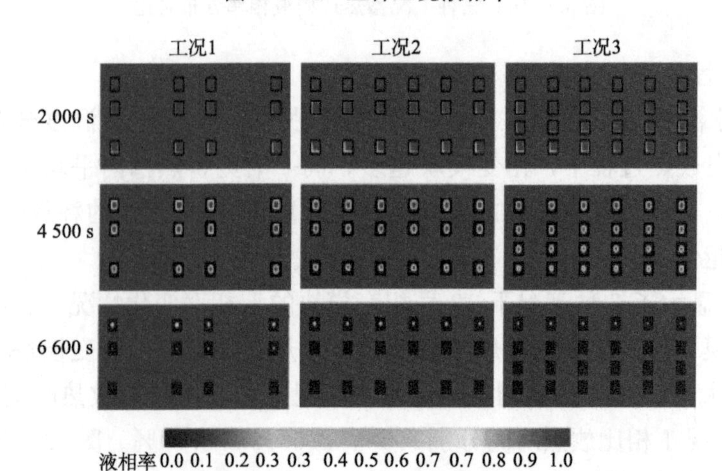

图 5.4.19 三种工况放热过程液相率分布对比

结果表明，优化相变模块的结构参数对于提高蓄热槽的蓄热、放热性能具有十分重要的价值。基于研究结果可以看出，在 PCM 质量相同的条件下，相变模块数量越多，分布越密集，系统蓄热、放热时间越短，蓄热、放热性能越好。

5.5 结论

利用 CFD 对纯水蓄热槽和相变蓄热槽的三维模型进行准确的数值模拟分析，结合实验和数值研究，对两种蓄热槽的蓄热、防热性能进行了比较研究，结合蓄热槽内温度和液相率分布研究了相变模块数量和尺寸对于相变蓄热系统蓄热、放热性能的影响。得出的结论如下：

（1）数值模拟结果与实验结果基本吻合，纯水蓄热槽和相变蓄热槽的模拟与实验结果的均方根误差分别为 1.84 和 1.87，证明该模型对于相变蓄热性能预测具有可行性。因此基于该模型的预测研究是合理可靠的。

（2）在其他条件相同的情况下，蓄热槽加入相变材料可有效提高蓄热槽的热容量。当蓄热槽中加入有效容积占比 5.4%的 PCM，HTF 温度从 60℃加热到 80℃时，相比于纯水蓄热槽，相变蓄热槽的蓄热量增加了 7.43%；当 HTF 温度从 80℃降到 60℃时，相比于纯水蓄热槽，相变蓄热槽放热量增加了 10.52%。

（3）蓄热槽在蓄热、放热过程中均存在水温分层的现象。相变蓄热槽水的最大温差可达 4℃，纯水蓄热槽可达 6℃。相比于纯水蓄热槽，相变蓄热槽在相变阶段热分层的剧烈程度有所缓解。

（4）PCM 质量相同的条件下，相变模块的数量越多，尺寸越小，系统的蓄放热性能越好。含 18 个相变模块和 24 个相变模块的蓄热槽与含 12 个相变模块的蓄热槽相比，蓄热时间分别减少了 1.02%和 2.47%，放热时间分别减少了 2.66%和 3.78%。

6 蓄能空调技术的应用实例

随着经济发展和人民生活水平的提高，用电峰谷差将会进一步增大，这是电网安全经济运行的主要矛盾。商场、办公楼、宾馆、娱乐场所、机关学校及企事业单位的空调容量所占的比重越来越大，怎样使这些设备避开高峰期，并转移到低谷电时段用电，对实现电力削峰填谷至关重要。

削峰填谷一般采用三种手段：行政手段、经济手段、技术手段。作为经济手段之一，峰谷电价政策的出台，使得电蓄能空调技术成为电网调荷的一项重要的行之有效的措施。

下面从冰蓄冷空调技术应用实例、电极式锅炉水蓄热技术应用实例分析电蓄能空调技术对电网削峰填谷的作用和效果。

6.1 冰蓄冷空调技术应用实例

6.1.1 项目概况

1）工程概况

某项目总建筑面积约 160000m²，分为商务公寓、商务办公、商场三个版块。商务公寓（1号、2号、3号楼）总建筑面积 59247.44m²，地上面积 54872.1m²，地下面积 4375.34m²，空调面积 41154.075m²；商务办公总建筑面积 33968.86m²，地上面积 32642.96m²，地下 1325.9m²，空调面积 32642.96m²；商场总建筑面积 66783.7m²，地上面积 44522.47m²，地下面积 22261.23m²，空调面积 44522.47m²。

商务公寓空调冷负荷指标为 65W/m²，空调设计冷负荷为 2675kW；商务办公空调冷负荷指标为 104W/m²，空调设计冷负荷为 3395kW；商场空调冷负荷指标为 110W/m²，空调设计冷负荷为 4900kW。

2）设计依据

国家及地方现行的有关规范、规定和标准：

《民用建筑设计统一标准》GB 50352—2019；

《公共建筑节能设计标准》GB 50189—2015；

《民用建筑供暖通风与空气调节设计规范》GB 50736—2012；

《民用建筑热工设计规范》GB 50176—2016；

《制冷空调设备包装通用技术条件》JB/T 9065—2015；

《全国民用建筑工程设计技术措施 暖通空调·动力》（2009年版）；

《暖通动力施工安装图集》10K509，10R504；

《通风与空调工程施工质量验收规范》GB 50243—2016；

建设单位提供的使用功能要求及有关文件；

项目所在地的相关法律法规。

3）电价政策

依据项目的建筑规模、使用功能和空调负荷情况等分析其用电情况，属于高需求商业服务业用电类型，峰谷电价政策见表6.1.1。

一般工商业峰谷电价政策 **表6.1.1**

分 类	时 段	蓄冰空调电价/(元/kWh)
尖峰时段	10:30～11:30	1.1055
	19:00～21:00	
高峰时段	8:30～10:30	0.9789
	16:00～19:00	
平时段	7:00～8:30	0.6623
	11:30～16:00	
	21:00～23:00	
谷时段	23:00～7:00	0.3457

4）典型设计日逐时负荷情况

建筑物的负荷是指为使室内温湿度维持在规定水平而须从室内排出的热量，是一个随时间变化的非稳态的变量。冰蓄冷空调系统的设备及蓄冰方式的选择是以夏季空调设计日（最不利情况）的逐时负荷分布为依据的。结合丰富的蓄能工程经验给出了逐时负荷情况，在夏季空调设计日100%负荷状态下的24h逐时冷负荷情况，如图6.1.1所示。

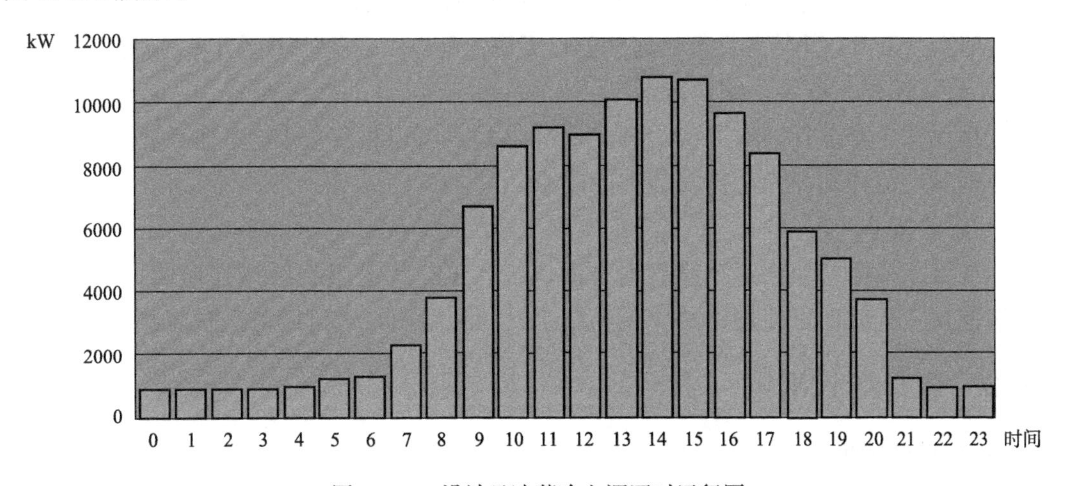

图6.1.1 设计日冰蓄冷空调逐时运行图

从上述的逐时冷负荷分布图可以看出，本项目的冷负荷主要分布在 8：00～21：00 时段，涵盖了项目所在地的电价平、峰时段，非常适合采用蓄冰空调系统。

6.1.2 蓄冰设备形式确定

本项目选用导热复合材料盘管，该盘管具有以下优点：

1）材料创新

自行研发的聚合物基纳米导热复合材料，比普通塑料导热系数高 8～10 倍，良好的耐腐蚀、耐老化和力学性能。

集换热与蓄能于一身，采用纳米导热复合材料作为换热器主体，既克服了金属换热器易腐蚀的缺点，又克服了普通塑料管导热性能差的缺点；

通过优化设计，在结冰和融冰过程中，接近金属盘管的换热性能。

2）结构创新：实用新型专利 ZL02 2 65320.1

蓄冰盘管优化组合，采用同程连接，流量分配均匀；主集管位于蓄冰盘管的顶部，支管与集管热熔焊接，所有焊口都位于盘管上部，便于检查和维护。

3）系统应用优势

可完美实现各种蓄冰系统应用，内融冰盘管采用不完全冻结方式，可提供始终稳定的 3～4℃的低温载冷剂或冷冻水，外融冰盘管能提供稳定的低于 1℃的冷冻水，适用于大温差低温送风空调系统和大型区域供冷工程。

4）蓄冰效率高

冷量换热公式：

$$q = K \times F \times \Delta t \tag{6.1-1}$$

主要影响因素：材料的导热系数、流体特性、流速、换热面积和温度差。

复合塑料蓄冰盘管材料的导热系数是塑料盘管的 2～3 倍，接近冰的导热系数，换热面积是金属盘管的 1.5 倍，蓄冰时制冰效率高。

5）更可靠、寿命更长

聚合物基纳米高分子复合材料强度高、韧性好，无须担心结冰过量，换热管内、外表面不结垢，阻力、热传导性能始终如初，无腐蚀问题，设备使用更可靠、寿命更长。

6）形式多样、安装空间要求低

产品形式丰富多样，有方形、螺旋形等形式，可以根据安装空间的尺寸和形状来设计合理的产品样式，无特殊安装空间要求。

7）易于安装

标准蓄冰槽由模块化蓄冰盘管组合而成，在工厂编织组装后置入槽体，运至现场后直接连接上管线即可使用，减少现场施工时间和费用，也可解体后现场组装。

6.1.3 运行形式确定

1）全量储冰模式

主机在电力低谷期全负荷运行，制得系统全天所需要的全部冷量。在白天电力高峰期，所有主机停运，所需冷负荷全部由融冰来满足。

（1）优点：最大限度地转移电力高峰期的用电量，白天系统的用电容量小；白天全天通过融冰供冷，运行成本低。

（2）缺点：系统的蓄冰容量、制冷主机及相应设备容量较大；系统的占地面积较大；系统的初期投资较高。

2）部分储冰模式

主机在电力低谷期全负荷运行，制得系统全天所需要的部分冷量；主机在设计日以满负荷运行，不足部分由融冰补充。

（1）优点：系统的蓄冰容量、制冷主机及相应设备容量较小；系统的占地面积较小；初期投资最小，回收周期短。

（2）缺点：仅转移了电力高峰期的部分用电量，白天系统还需较大的配电容量；运行费用较全量储冰高。

3）蓄冰模式确定

蓄冰模式直接影响蓄冰系统设计的成败，一个优良的蓄冰系统既可以保证整个空调系统的安全运行，同时又能为客户节省大笔的初投资及运行费用。推荐部分蓄冰、主机上游的运行模式，其优势有：系统流程简单，布置紧凑；双工况冷机效率较高；乙二醇流量较小、乙二醇出口温度恒定，易实现系统的稳定运行；自控系统简捷易控制，维护、管理方便；可以实现大温差低温供水，为区域供冷提供保证，实际应用广泛。

6.1.4 系统设备配置

1）蓄冰设备

根据国内20多年的蓄冰工程经验，蓄冰容量占设计日非谷电时段总冷负荷的30%～35%时，冰蓄冷系统回报率最高，本项目设计日非谷电时段总冷负荷为105706kWh，蓄冰量按非谷电时段总冷负荷的33%设计，105706×33%≈34883kWh≈9921RT·h。

结合蓄冰设备生产厂家的产品型号，确定本系统配置12台828RT·h的整装式蓄冰设备，总蓄冰量为828×12=9936RT·h。

（1）蓄冰设备布置要点：

① 蓄冰设备可布置成一组，也可布置成多组，但是组数建议为双数，且每组的蓄冰设备个数相同。

② 蓄冰设备管路设计必须按同程设计，保证每组蓄冰设备的蓄冰和融冰同步。

③ 蓄冰设备的进出口要设置橡胶软接头。

④ 蓄冰槽的出口回水总管上要设置电动调节阀。

⑤ 蓄冰槽支管弯管后水平接入总管，主管不能敷设在盘管接管的正上方。

（2）蓄冰槽强度计算书，见表6.1.2。

钢制蓄冰槽强度计算书 表 6.1.2

箱体尺寸/mm 6300×2800×3400(长×宽×高)			
计算条件			
计算压力 p_c/MPa	0.040	材料名称	Q235B
设计温度 t/℃	−6		
箱侧板短边长度 H/mm	2800	箱体长边长度 h/mm	6300
箱体轴向长度 L_1/mm	6300	箱体短边长度 h/mm	2800
短边初始名义厚度 δ_{n1}/mm	6.0	长边初始名义厚度 δ_{n2}/mm	6.0
钢板负偏差参数 IC_1/mm	0.25	腐蚀裕量 C_2/mm	1.0
短边焊接接头系数	0.85	长边焊接接头系数	0.85
短边焊接头至板中心线距离/mm	1400	长边焊接头至板中心线距离/mm	3150
短边孔径/mm	待定	长边孔径/mm	待定
短边孔中心距/mm	待定	长边孔中心距/mm	待定
外加强件材料名称	20	外加强件规格	见图纸
外加强件型式	型钢	外加强件间距/mm	见图纸
箱板厚度计算及中间参数			
箱体短边材料常温屈服限/MPa	235.0	箱体长边材料常温屈服限/MPa	235.0
箱体短边材料设温屈服限/MPa	235.0	箱体长边材料设温屈服限/MPa	235.0
箱体短边材料设计温度下		短边薄膜应力	
许用应力$[\sigma]_1^t$/MPa	189.0	许用值$[\sigma_m]_1$/MPa	160.7
箱体长边材料设计温度下许用应力$[\sigma]_2^t$/MPa	189.0	长边薄膜应力许用值$[\sigma_m]_2$/MPa	160.7
短边组合应力许用值$[\sigma_T]_1$/MPa	215.6	长边组合应力许用值$[\sigma_T]_2$/MPa	215.6
外加强件常温屈服限/MPa	235.0	外加强件材料许用应力/MPa	152.0
外加强件设温屈服限/MPa	235.0	外加强件组合应力许用值/MPa	146.9
短边侧板名义厚度 δ_{n1}/mm	6.0	短边侧板计算厚度 δ_1/mm	6.7
长边侧板名义厚度 δ_{n2}/mm	6.0	长边侧板计算厚度 δ_2/mm	6.7
外加强件横截面/mm^2	2001.7	外加强件组合截面长边形心至内壁距离 c_{i2}	114.2
外加强件组合截面短边形心至内壁距离 W/mm	53	长边侧板有效宽度 W_2/mm	3400
短边侧板有效宽度 W_1/mm	45	长边组合截面惯性矩 I_{21}/mm^4	6.62e+07
短边组合截面惯性矩 I_{11}/mm^4	6.62e+07		
箱体侧板应力计算			
短边侧板薄膜应力/MPa	10.1	长边侧板薄膜应力/MPa	4.48
短边内壁 N 点弯曲应力/MPa	51.9	短边内壁 Q 点弯曲应力/MPa	85.7
长边内壁 M 点弯曲应力/MPa	−85.4	长边内壁 Q 点弯曲应力/MPa	85.7
短边内壁 N 点组合应力/MPa	62	短边内壁 Q 点组合应力/MPa	95.8
长边内壁 M 点组合应力/MPa	−80.9	长边内壁 Q 点组合应力/MPa	90.2
短边外加强件外侧 N 点		短边外加强件外侧 Q 点	
弯曲应力/MPa	−78.4	弯曲应力/MPa	−129

续表

箱体尺寸/mm　　6300×2800×3400(长×宽×高)			
长边外加强件外侧 M 点		长边外加强件外侧 Q 点	
弯曲应力/MPa	129	弯曲应力/MPa	−129
短边外加强件外侧 N 点		短边外加强件外侧 Q 点	
组合应力/MPa	−68.3	组合应力/MPa	−119
长边外加强件外侧 M 点		长边外加强件外侧 Q 点	
组合应力/MPa	133	组合应力/MPa	−125
短边焊接接头组合应力/MPa	111	长边焊接接头组合应力/MPa	105

箱体应力校核结论		
应力类别	各类应力计算值/MPa	应力许用值/MPa
短边薄膜应力 σ_{m1}	10.1	189
长边薄膜应力 σ_{m2}	4.48	189
箱体最大组合应力 σ_T^{max}	95.79	215.6
短边焊接接头组合应力 σ_T^{J1}	110.9	215.6
长边焊接接头组合应力 σ_T^{J2}	105.3	215.6
结论:校核通过		
根据上述箱体板强度应力校核计算箱体材料的厚度 $\delta=6$ 及加强钢,结论为合格		

2）制冷主机

（1）双工况制冷主机

双工况制冷主机与常规制冷主机的差别仅仅在于其主机的控制系统稍稍作了一些调整，以使主机能适应制冰工况。采用的双工况制冷主机能在低温工况下稳定运行，且在制冰期内具有较高的工作效率，具有如下特点：制冷效率高，运行费用低；具有特别设计的储冰控制模式，在制冰工况下制冷效率同样出色；可充分利用较低的冷却水进水，保证过渡季节机组同样制冰；具有优良的部分负荷性能；机组由工厂制造、组装，可靠性高，结构紧凑，安装简便；微电脑控制中心精确控制温度，具有可靠的逻辑控制与故障报警功能，自动化程度高。

本项目谷电时段为 23：00～7：00 共计 8h，总蓄冰量为 9936RT・h，谷电时段为 8h，双工况主机每小时提供的蓄冷量最低为：9936÷8＝1242RT。

制冰工况下，双工况主机的出水温度为−5.6℃，此时主机效率为空调工况时效率的 65％，因此双工况主机空调工况下，装机容量不得低于：1242÷65％＝1911RT。

结合主机厂家的产品型号，本项目配置 3 台空调工况下额定制冷量为 650RT，额定功率 408kW，制冰工况下额定制冷量为 425RT，额定功率为 347kW 的双工况离心式制冷机组用于夜间制冰与和白天制冷。在空调设计日，开启双工况主机在空调工况下运行，满足部分冷负荷的需要，不足的冷量由融冰补充；夜间 23：00～7：00 共 8h 的电力低谷期内 3 台双工况主机满负荷全力运行，制取的冷量储存在储冰装置中。

(2) 基载制冷主机

商务公寓为全天24h供冷，谷电时段负荷较小，从节能考虑，系统设置1台螺杆式基载主机。主机空调工况下额定制冷量为1300kW，额定功率219kW，用于夜间谷电时段给商务公寓供冷和白天给系统供冷。

(3) 制冷主机布置要点

① 三台双工况制冷主机和基载制冷主机集中布置，主机接口方向一致，主机布置时要考虑操作空间和维修空间。

② 双工况主机蒸发器与乙二醇泵采用总管连接，蒸发器出口需设电动开关阀。

③ 双工况主机冷凝器与冷却水泵一对一连接。

④ 主机进出口管道要设置单独的支吊架，避免管道运行重量直接作用在设备上。

⑤ 主机蒸发器、冷凝器进口最低处需设DN25排污阀。

3) 冷却塔

为了减少冷却塔运行时的噪声与漂水，同时考虑到当地的干球与湿球温度，本项目冷却塔设计选用低噪声、集水型冷却塔。

(1) 双工况制冷主机冷却塔

查冷水机组的参数表可知，650RT的离心式冷水机组冷凝器的最大水流量为466m^3/h，考虑15%的安全系数，配置3台冷却水量525m^3/h的冷却塔可满足3台双工况冷水机组的冷却要求，每台冷却塔配有3台5.5kW的风机。

(2) 基载制冷主机冷却塔

查冷水机组的参数表可知，1300RT的离心式冷水机组冷凝器的最大水流量为265m^3/h，考虑15%的安全系数，配置1台冷却水量300m^3/h的冷却塔满足基载冷水机组的冷却要求，冷却塔配有2台5.5kW的风机。

(3) 冷却塔布置要点

① 冷却塔基础高度高出屋面建筑面层1000mm，冷却塔供回水管道基础高出屋面建筑面层500mm。

② 冷却塔集水盘之间设置平衡管来平衡液位，以避免一边溢流一边补水的状况。

③ 冷却塔回水主管的高度不得超过冷却塔集水盘落水口的高度，避免空气进入管道系统，造成主机缺水停机。

④ 冷却塔供水支管对称设置，保证水流分布均匀。

⑤ 冷却塔溢流管和排污管设置总集管，接至屋面排水系统。

4) 板式换热器

(1) 板换选型

板式换热器的换热量根据设计日的最大冷负荷减去基载制冷主机的最大供冷能力确定，本项目设计日最大冷负荷为10774kW，基载制冷主机的最大供冷能力为1300kW，板式换热器的换热量不小于：10774－1300＝9474kW

板换选型一般考虑10%～25%的换热余量，本项目考虑10%的换热余量，板式换

热器设计总换热量为：9474×110%=10422kW

板式换热器设计 3 台，每台额定换热量为 3500kW。本系统中板式换热器用于蓄冰系统中将乙二醇溶液和空调水系统隔离开来。板式换热器选用垫片式板式换热器，其乙二醇侧进出口温度 3.5℃/10.5℃，冷冻水侧进出口温度为 12℃/7℃，承压 16bar。

（2）板式换热器布置要点

① 板式换热器布置时要考虑其接管空间和维修空间。

② 板式换热器的进口管路上设置电动开关阀和 Y 型过滤器。

③ 板式换热器设置于配套水泵前端，降低板式换热器压力。

④ 板换口管道设置单独的支吊架，避免管道运行重量直接作用在设备上。

⑤ 板换两侧进口最低点应设 DN25 排污阀。

5）水泵

（1）乙二醇泵

乙二醇泵配置 4 台（3 用 1 备），其既需要满足主机制冰工况时的流量要求，又需要满足融冰供冷和联合供冷时板式换热器流量的需求。

查冷水机组的参数表可知，650RT 的离心式冷水机组蒸发器的最大水流量为 483m³/h，即主机单制冰时，乙二醇泵的最大流量为 362m³/h。

融冰和联合供冷时，板式换热器的最大换热量为 9474kW，换热温差为 7℃，根据公式 $Q=mc\Delta T$ 计算可得乙二醇泵所需总流量为 1163m³/h，单台水泵需要提供的流量为 387m³/h。

从计算可知，双工况主机蒸发器最大流量和板式换热器最大换热量所需流量基本一致，系统设计合理，最终确定乙二醇泵的单台流量为 400m³/h。

乙二醇泵需克服双工况主机的蒸发器压力降、储冰槽压力降、系统阀门与管路的阻力，根据厂家提供的资料，水泵的扬程取 32m。

每台乙二醇泵的参数为：流量 Q=400m³/h，扬程 H=32m，电功率 N=55kW。水泵变频控制。

（2）双工况冷却水泵

查冷水机组的参数表可知，650RT 的离心式冷水机组冷凝器的最大水流量为 466m³/h，冷却水泵的扬程，因为开式系统，只需计算静压力（喷嘴到积水盘的静压力），扬程取 28m。本系统配置 4 台（3 用 1 备）（参数为：流量 Q=500m³/h，扬程 H=28m，电功率 N=55kW）冷却水泵满足 3 台双工况主机的冷却要求，水泵工频控制。

（3）基载冷却水泵

查冷水机组的参数表可知，1300kW 的离心式冷水机组冷凝器的最大水流量为 265m³/h，冷却水泵的扬程，因为开式系统，只需计算静压力（喷嘴到积水盘的静压力），扬程取 28m，本系统配置 2 台（1 用 1 备，参数为：流量 Q=280m³/h，扬程 H=28m，电功率 N=37kW）冷却水泵满足基载主机的冷却要求，水泵工频控制。

(4) 双工况冷冻水泵

双工况冷冻水泵配置 4 台（3 用 1 备），其流量根据板式换热器的换热量确定，总的换热量为 10500kW，冷冻水供回水温度为 12℃/7℃，根据热量计算公式 $Q=mc\Delta T$ 计算可得，冷冻水总流量为 1806m^3/h，扬程根据设计院提供的最不利端计算参数取 38m，最终确定双工况冷冻水泵的参数为：流量 $Q=600m^3/h$，扬程 $H=38m$，电功率 $N=90kW$，水泵变频控制。

(5) 基载冷冻水泵

基载冷冻水泵配置 2 台（1 用 1 备），其流量根据基载制冷主机蒸发器的最大流量 225m^3/h 设计，扬程根据设计院提供的最不利端计算参数取 38m，最终确定基载冷冻水泵的参数为：流量 $Q=262m^3/h$，扬程 $H=38m$，电功率 $N=45kW$，水泵变频控制。

(6) 水泵布置要点

① 根据制冷主机和板式换热器的布置位置，合理布置各系统水泵的安装位置，原则上是接管距离短，管路布置弯头少，同时考虑水泵的接管空间、维修空间。

② 水泵进出口设置单独的支吊架，避免管道运行重量直接作用在水泵上。

③ 水泵的进口管道上设置 Y 型过滤器，出口管道上设置止回阀，进出口均设置橡胶软接头。

④ 乙二醇泵和冷冻水泵采用主集管连接，冷却水泵与制冷机冷凝器采用一对一连接。

⑤ 水泵进口管的最低端设置 DN25 的排污阀。

6）定压装置

(1) 冷冻水定压装置

冷冻水定压装置采用高位水箱，分别设置于商务公寓、商务办公、商场水系统的顶层屋面，高位水箱的有效容积由设计院设计提供，高温水箱要做防腐和绝热处理。

(2) 乙二醇定压装置

乙二醇定压装置采用落地式膨胀水箱，有效膨胀容积不小于 200L。

(3) 定压系统配置要点

① 定压系统设置单独的控制柜，不接入自动控制系统。

② 定压装置的补水泵出水管接入各自系统的水泵回水系统，通过电接点压力表控制补水泵的启停。

7）控制系统

冰蓄冷中央空调系统比较复杂，根据末端负荷的不同需要，各个时间段的运行方式也不同，常规空调的手动运行模式无法很好地满足系统运行的需要，必须根据系统传感检测元器件采用自动控制，优化系统运行策略。

控制系统通过对冷水机组、蓄冰装置、板式换热器、水泵、系统管路调节阀进行控制，调整蓄冰系统各应用工况的运行模式，使系统在任何负荷情况下能达到设计参数并以最可靠的工况运行，保证空调的使用效果。同时在满足末端空调系统要求的前提下，整个系统达到最经济的运行状态，即系统的运行费用最低；提高系统的自动化水平，提高系统的管理效率和降低管理劳动强度。

自控装置与系统是组成蓄能空调系统的关键部分，自控设备均工作在条件相对恶劣的环境中，电动阀、传感元件均需在乙二醇溶液中、低温下工作，为保证系统的可靠工作，自控硬件应采用性能优越、质量可靠的元件。

可采用 PLC 控制器作为下位机系统，采用群控系统作为控制平台进行软件集成，确保实现蓄冰系统的参数化与无人值守，实现系统的智能化运行。

(1) 主要控制元器件

主要控制元件包括 PLC、CPU、上位机、变频器、电动阀、传感器。

(2) 主要控制内容：控制制冷主机启停、故障报警；控制乙二醇泵启停、故障报警；控制冷却水泵和冷冻水泵启停、故障报警；控制冷却塔风机启停、故障报警；冷却水和冷冻水供水温度监测；乙二醇供回水温度监测；蓄冰槽进出口温度监测；末端乙二醇流量；室外温湿度监测；空调冷负荷；各时段用电量及峰谷电量；各种数据统计表格、曲线；存冰量记录显示；乙二醇系统泄压；冷冻水系统泄压；可实现无人值守运行；各时段用电量及电费自动记录。

8) 冰蓄冷机房主要设备配置（表 6.1.3）

冰蓄冷机房主要设备配置表 **表 6.1.3**

序号	设备名称	规格型号	单位	数量	单台功率(kW)	合计功率(kW)	备注
1	双工况冷水机组	空调工况额定制冷量 650RT，制冰工况 425RT	台	3	408(空调)/347(制冰)	1224(空调)/1041(制冰)	
2	基载冷水机组	空调工况额定制冷量 1300kW	台	1	219	219	
3	蓄冰装置	9936RT·H	套	1	0	0	
4	双工况冷却塔	$525m^3/h$	台	3	16.5	49.5	
5	基载冷却塔	$300m^3/h$	台	1	11	11	
6	板式换热器	额定换热量 3500kW	台	3	0	0	
7	乙二醇泵	$Q=400m^3/h, H=32m$	台	4	55	165	一备
8	双工况冷却水泵	$Q=500m^3/h, H=28m$	台	4	55	165	一备
9	基载冷却水泵	$Q=280m^3/h, H=28m$	台	2	37	37	一备
10	双工况冷冻水泵	$Q=600m^3/h, H=38m$	台	4	90	270	一备
11	基载冷冻水泵	$Q=262m^3/h, H=38m$	台	2	45	45	一备

续表

序号	设备名称	规格型号	单位	数量	单台功率(kW)	合计功率(kW)	备注
12	软化水处理器	10t/h	套	1	0	0	
13	乙二醇 系统定压设备		套	1	1.5	1.5	
14	集水器		套	1	0	0	
15	分水器		套	1	0	0	
16	水泵变频柜	800×600×2200	套	10	0	0	
17	自控柜	1200×600×2200	套	1	0	0	
18	合计					2187	

6.1.5 运行策略

1）设计日（100%负荷）负荷分配情况

为了充分利用蓄冰盘管和制冷机的供冷能力，降低系统运行电费，空调冷负荷在不同时段分别由制冷机和蓄冰盘管承担。结合电价政策，双工况制冷机在夜间的电力低谷时段23：00～7：00进行蓄冰，非谷电时段制冷机和蓄冰盘管联合供冷。在这种运行策略下，可以使空调供冷得到最优化的分配，同时尽可能降低运行电费，运行策略如图6.1.2所示。

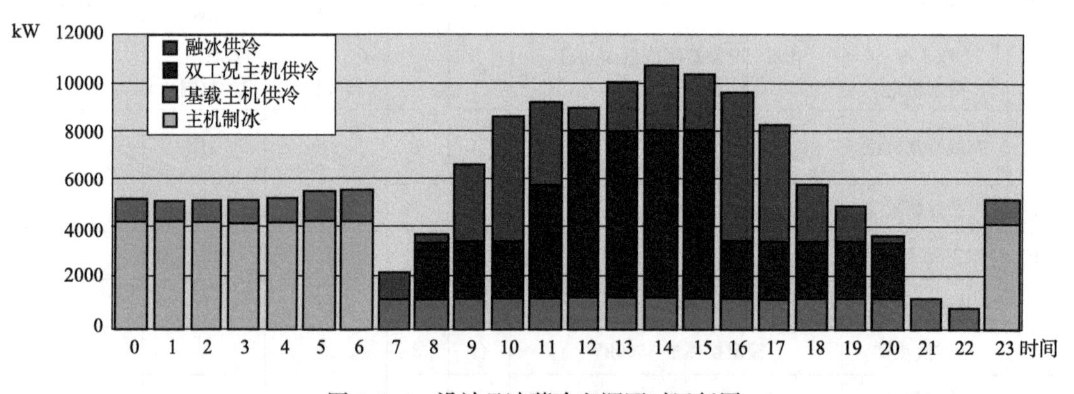

图6.1.2 设计日冰蓄冷空调逐时运行图

（1）双工况主机制冰＋基载主机供冷模式（23：00～7：00）

这段时间为电力低谷期，3台双工况主机满负荷运行，制取的冷量储存在储冰装置中，最大蓄冰量为9936RT·h，同时开启基载主机给商务公寓供冷。

（2）基载主机单供冷模式（21：00～23：00）

这段时间为电力平峰时段，且建筑负荷很小，此时段建筑所需冷量完全由基载制冷主机提供。

（3）主机和蓄冰槽联合供冷模式（7：00～21：00）

这段时间涵盖了整个电力高峰时段和部分平电时段，且建筑负荷较大，此时段开启基载主机，双工况主机根据建筑负荷结合电价政策确定开启台数，所有制冷主机满负荷运行，不足部分由蓄冰槽补充。

2）设计日（75%负荷）负荷分配情况

在这种负荷状态下，系统负荷分配情况同样与电价结构密切相关。为了充分利用蓄冰盘管和制冷机的供冷能力，减少系统运行电费，空调冷负荷仍由制冷机和蓄冰盘管共同承担。结合电价政策，双工况制冷机在夜间的电力低谷时段 23：00～7：00 进行蓄冰，在非谷电时段制冷机和蓄冰盘管联合供冷。在这种运行策略下，可以使空调供冷得到最优化的分配，同时尽可能降低运行电费，运行策略如图 6.1.3 所示。

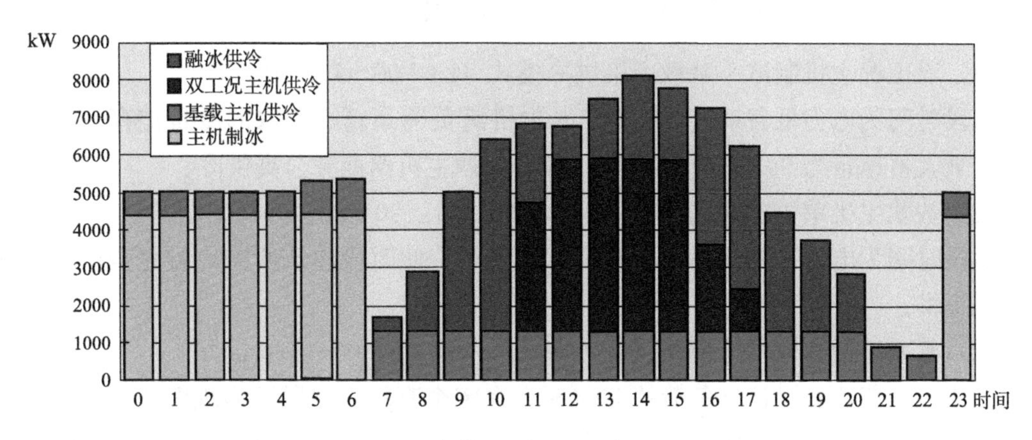

图 6.1.3 设计日负荷 75%时冰蓄冷空调逐时运行图

（1）双工况主机制冰＋基载主机供冷模式（23：00～7：00）

这段时间为电力低谷期，3 台双工况主机满负荷运行，制取的冷量储存在储冰装置中，最大蓄冰量为 9936RT·h，同时开启基载主机给商务公寓供冷。

（2）基载主机单供冷模式（21：00～23：00）

这段时间为电力平峰时段，且建筑负荷很小，此时段建筑所需冷量完全由基载制冷主机提供。

（3）主机和蓄冰槽联合供冷模式（7：00～21：00）

这段时间涵盖了整个电力高峰时段和部分平电时段，且建筑负荷较大，此时段开启基载主机，双工况主机根据建筑负荷结合电价政策确定开启台数，所有制冷主机满负荷运行，不足部分由蓄冰槽补充。

3）设计日（50%负荷）负荷分配情况

在这种负荷状态下，系统负荷分配情况同样与电价结构密切相关。为了充分利用蓄冰装置和制冷机的供冷能力，降低系统运行电费，空调冷负荷由制冷机和蓄冰装置共同承担。结合电价政策，双工况制冷机在夜间的电力低谷时段 23：00～7：00 进行蓄冰。在这种运行策略下，可以使空调供冷得到最优化的分配，同时尽可能降低运行电费，运行策略如图 6.1.4 所示。

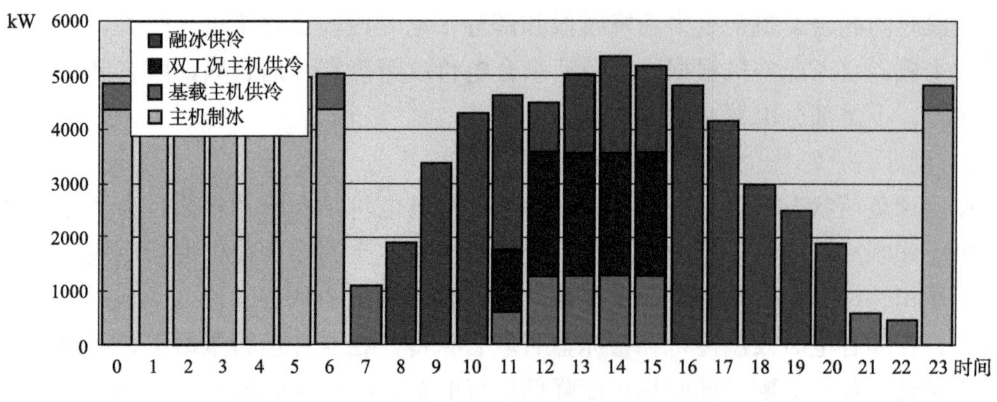

图 6.1.4　设计日负荷 50％时冰蓄冷空调逐时运行图

（1）双工况主机制冰＋基载主机供冷模式（23：00～7：00）

这段时间为电力低谷期，3 台双工况主机满负荷运行，制取的冷量储存在储冰装置中，最大蓄冰量为 9936RT・h，同时开启基载主机给商务公寓供冷。

（2）基载主机单供冷模式（7：00～8：00，21：00～23：00）

这段时间为电力平峰时段，且建筑负荷很小，此时段建筑所需冷量完全由基载制冷主机提供。

（3）蓄冰槽融冰单供冷模式（8：00～11：30，16：00～21：00）

当建筑负荷达到设计日负荷的 50％时，在整个高峰电时段可实现融冰单供冷，建筑所需负荷完全由蓄冰槽提供，所有主机退出运行，仅开启乙二醇泵和冷冻水泵。

（4）基载主机和蓄冰槽联合供冷模式（11：30～16：00）

这段时间为电力平峰时段，且建筑物供冷负荷达到当天最大值，建筑供暖主要由制冷主机提供，此时段开启基载主机和 1 台双工况主机，主机满负荷运行，不足部分由蓄冰槽融冰提供。

4）设计日（25％负荷）负荷分配情况

由于冷负荷很小，冰蓄冷空调在这种负荷情况下显示了极大的优越性。白天在非谷电时段可实现全融冰供冷，最大程度降低运行电费，运行策略如图 6.1.5 所示。

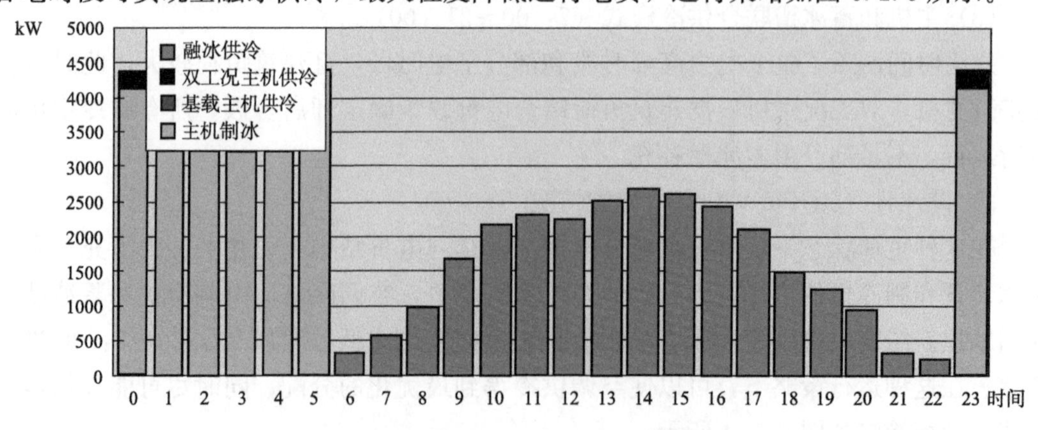

图 6.1.5　设计日负荷 25％时冰蓄冷空调逐时运行图

（1）双工况主机制冰兼供冷模式（23：00～6：00）

这段时间为电力低谷期，开启3台双工况主机满负荷运行，在满足商务公寓供冷要求的前提下，富余的冷量储存在储冰装置中，最大蓄冰量为8230RT·h。

（2）蓄冰槽单融冰供冷模式（6：00～23：00）

过渡季节建筑负荷较小，蓄冰量能保证非谷电时段供冷需求，此时段所有主机退出运行，仅开启乙二醇泵和冷冻水泵。

6.1.6 冰蓄冷运行电费分析

1）实际负荷为设计日负荷时冰蓄冷空调运行电费计算，见表6.1.4。

设计日负荷时冰蓄冷空调运行电费表 **表6.1.4**

设备	基载	双工况	乙二醇泵	冷却塔	冷却水泵	冷冻水泵	功率合计	电价	费用
	主机kW	主机kW	kW	kW	kW	kW	kW	元/kWh	元
0:00	149	1041	165	60.5	202	45	1662.5	0.3457	574.72625
1:00	144	1041	165	60.5	202	45	1657.5	0.3457	572.99775
2:00	144	1041	165	60.5	202	45	1657.5	0.3457	572.99775
3:00	144	1041	165	60.5	202	45	1657.5	0.3457	572.99775
4:00	158	1041	165	60.5	202	45	1671.5	0.3457	577.83755
5:00	203	1041	165	60.5	202	45	1716.5	0.3457	593.39405
6:00	216	1041	165	60.5	202	45	1729.5	0.3457	597.88815
7:00	219	0	55	11	37	45	367	0.6623	243.0641
8:00	219	408	55	26.5	92	135	467.75	0.6623	309.790825
8:30	219	408	55	26.5	92	135	467.75	0.9789	457.880475
9:00	219	408	110	26.5	92	225	1080.5	0.9789	1057.70145
10:00	219	408	165	26.5	92	315	612.75	0.9789	599.820975
10:30	219	408	165	26.5	92	315	612.75	1.1055	677.395125
11:00	219	408	165	26.5	92	315	612.75	1.1055	677.395125
11:30	219	816	165	60.5	202	315	888.75	0.6623	588.619125
12:00	219	1224	165	60.5	202	315	2185.5	0.6623	1447.45665
13:00	219	1224	165	60.5	202	315	2185.5	0.6623	1447.45665
14:00	219	1224	165	60.5	202	315	2185.5	0.6623	1447.45665
15:00	219	1224	165	60.5	202	315	2185.5	0.6623	1447.45665
16:00	219	408	165	26.5	92	315	1225.5	0.9789	1199.64195
17:00	219	408	165	26.5	92	315	1225.5	0.9789	1199.64195
18:00	219	408	110	26.5	92	225	1080.5	0.9789	1057.70145
19:00	219	408	110	26.5	92	225	1080.5	1.1055	1194.49275
20:00	219	408	55	26.5	92	135	935.5	1.1055	1034.19525
21:00	203	0	55	11	37	45	351	0.6623	232.4673

续表

设备	基载	双工况	乙二醇泵	冷却塔	冷却水泵	冷冻水泵	功率合计	电价	费用
	主机 kW	主机 kW	kW	kW	kW	kW	kW	元/kWh	元
22:00	162	0	55	11	37	45	310	0.6623	205.313
23:00	153	1041	165	60.5	225	45	1689.5	0.3457	584.06015
合计									21171.84685

2）实际负荷为设计日负荷的75%时冰蓄冷空调运行电费计算，见表6.1.5。

75%设计日负荷时冰蓄冷空调运行电费表　　表6.1.5

设备	基载	双工况	乙二醇泵	冷却塔	冷却水泵	冷冻水泵	功率合计	电价	费用
	主机 kW	主机 kW	kW	kW	kW	kW	kW	元/kWh	元
0:00	112	1041	165	60.5	202	45	1625.5	0.3457	561.93535
1:00	108	1041	165	60.5	202	45	1621.5	0.3457	560.55255
2:00	108	1041	165	60.5	202	45	1621.5	0.3457	560.55255
3:00	108	1041	165	60.5	202	45	1621.5	0.3457	560.55255
4:00	118	1041	165	60.5	202	45	1631.5	0.3457	564.00955
5:00	152	1041	165	60.5	202	45	1665.5	0.3457	575.76335
6:00	162	1041	165	60.5	202	45	1675.5	0.3457	579.22035
7:00	219	0	55	11	37	135	457	0.6623	302.6711
8:00	219	0	55	11	37	135	228.5	0.6623	151.33555
8:30	219	0	55	11	37	135	228.5	0.9789	223.67865
9:00	219	0	110	11	37	225	602	0.9789	589.2978
10:00	219	0	110	11	37	225	301	0.9789	294.6489
10:30	219	0	110	11	37	225	301	1.1055	332.7555
11:00	219	408	110	26.5	82	225	535.25	1.1055	591.718875
11:30	219	816	110	42	147	225	779.5	0.6623	516.26285
12:00	219	816	110	42	147	225	1559	0.6623	1032.5257
13:00	219	816	110	42	147	225	1559	0.6623	1032.5257
14:00	219	816	110	42	147	225	1559	0.6623	1032.5257
15:00	219	816	110	42	147	225	1559	0.6623	1032.5257
16:00	219	408	110	26.5	82	225	1070.5	0.9789	1047.91245
17:00	219	204	110	18.75	64.5	225	841.25	0.9789	823.499625
18:00	219	0	55	11	37	135	457	0.9789	447.3573
19:00	219	0	55	11	37	135	457	1.1055	505.2135
20:00	219	0	55	11	37	135	457	1.1055	505.2135
21:00	152	0	55	11	37	45	300	0.6623	198.69
22:00	122	0	55	11	37	45	270	0.6623	178.821
23:00	115	1041	165	60.5	225	45	1651.5	0.3457	570.92355
合计									15372.6892

3）实际负荷为设计日负荷的50%时冰蓄冷空调运行电费计算，见表6.1.6。

50%设计日负荷时冰蓄冷空调运行电费表 **表6.1.6**

设备	基载	双工况	乙二醇泵	冷却塔	冷却水泵	冷冻水泵	功率合计	电价	费用
	主机 kW	主机 kW	kW	kW	kW	kW	kW	元/kWh	元
0:00	75	1041	165	60.5	202	45	1588.5	0.3457	549.14445
1:00	72	1041	165	60.5	202	45	1585.5	0.3457	548.10735
2:00	72	1041	165	60.5	202	45	1585.5	0.3457	548.10735
3:00	72	1041	165	60.5	202	45	1585.5	0.3457	548.10735
4:00	79	1041	165	60.5	202	45	1592.5	0.3457	550.52725
5:00	101	1041	165	60.5	202	45	1614.5	0.3457	558.13265
6:00	108	1041	165	60.5	202	45	1621.5	0.3457	560.55255
7:00	192	0	55	11	37	45	340	0.6623	225.182
8:00	0	0	55	0	0	90	72.5	0.6623	48.01675
8:30	0	0	55	0	0	90	72.5	0.9789	70.97025
9:00	0	0	55	0	0	90	145	0.9789	141.9405
10:00	0	0	55	0	0	90	72.5	0.9789	70.97025
10:30	0	0	55	0	0	90	72.5	1.1055	80.14875
11:00	0	0	110	0	0	180	145	1.1055	160.2975
11:30	219	408	110	26.5	82	225	535.25	0.6623	354.496075
12:00	219	408	110	26.5	82	225	1070.5	0.6623	708.99215
13:00	219	408	110	26.5	82	225	1070.5	0.6623	708.99215
14:00	219	408	110	26.5	82	225	1070.5	0.6623	708.99215
15:00	219	408	110	26.5	82	225	1070.5	0.6623	708.99215
16:00	0	0	110	0	0	180	290	0.9789	283.881
17:00	0	0	110	0	0	180	290	0.9789	283.881
18:00	0	0	55	0	0	90	145	0.9789	141.9405
19:00	0	0	55	0	0	90	145	1.1055	160.2975
20:00	0	0	55	0	0	90	145	1.1055	160.2975
21:00	101	0	55	11	37	45	249	0.6623	164.9127
22:00	81	0	55	11	37	45	229	0.6623	151.6667
23:00	77	1041	165	60.5	225	45	1613.5	0.3457	557.78695
合计									9755.333475

4）实际负荷为设计日负荷的25%时冰蓄冷空调运行电费计算，见表6.1.7。

25%设计日负荷时冰蓄冷空调运行电费表　　表 6.1.7

设备	基载	双工况	乙二醇泵	冷却塔	冷却水泵	冷冻水泵	功率合计	电价	费用
	主机 kW	主机 kW	kW	kW	kW	kW	kW	元/kWh	元
0:00	0	1041	165	60.5	202	45	1513.5	0.3457	523.21695
1:00	0	1041	165	60.5	202	45	1513.5	0.3457	523.21695
2:00	0	1041	165	60.5	202	45	1513.5	0.3457	523.21695
3:00	0	1041	165	60.5	202	45	1513.5	0.3457	523.21695
4:00	0	1041	165	60.5	202	45	1513.5	0.3457	523.21695
5:00	0	1041	165	60.5	202	45	1513.5	0.3457	523.21695
6:00	0	0	55	0	0	90	145	0.3457	50.1265
7:00	0	0	55	0	0	90	145	0.6623	96.0335
8:00	0	0	55	0	0	90	72.5	0.6623	48.01675
8:30	0	0	55	0	0	90	72.5	0.9789	70.97025
9:00	0	0	55	0	0	90	145	0.9789	141.9405
10:00	0	0	55	0	0	90	72.5	0.9789	70.97025
10:30	0	0	55	0	0	90	72.5	1.1055	80.14875
11:00	0	0	55	0	0	90	72.5	1.1055	80.14875
11:30	0	0	55	0	0	90	72.5	0.6623	48.01675
12:00	0	0	55	0	0	90	145	0.6623	96.0335
13:00	0	0	55	0	0	90	145	0.6623	96.0335
14:00	0	0	55	0	0	90	145	0.6623	96.0335
15:00	0	0	55	0	0	90	145	0.6623	96.0335
16:00	0	0	55	0	0	90	145	0.9789	141.9405
17:00	0	0	55	0	0	90	145	0.9789	141.9405
18:00	0	0	55	0	0	90	145	0.9789	141.9405
19:00	0	0	55	0	0	90	145	1.1055	160.2975
20:00	0	0	55	0	0	90	145	1.1055	160.2975
21:00	0	0	55	0	0	90	145	0.6623	96.0335
22:00	0	0	55	0	0	90	145	0.6623	96.0335
23:00	0	1041	165	60.5	225	45	1536.5	0.3457	531.16805
合计									5679.45925

5）整个供冷季运行电费计算

（1）供冷季

5 月 1 日至 10 月 1 日，150 天。

（2）各负荷占比，见表 6.1.8。

各负荷占比统计表 **表 6.1.8**

序号	负荷	占比	天数
1	100%负荷	20%	30
2	75%负荷	36%	54
3	50%负荷	32%	48
4	25%负荷	12%	18
5	合计	100%	150

（3）供冷季运行电费核算，见表 6.1.9。

供冷季运行电费计算表 **表 6.1.9**

序号	负荷	天数	日运行费用(元)	小计
1	100%负荷	30	21171.85	635155.5
2	75%负荷	54	15372.69	830125.26
3	50%负荷	48	9755.34	468256.32
4	25%负荷	18	5679.46	102230.28
5		150		2035767.36

（4）单位面积供冷费用

项目总建筑面积为 16 万 m^2，每平方米平均供冷费用为：2035767.36÷160000≈12.73 元/m^2/供冷季

6.1.7 冰蓄冷运行经济性分析

1）冰蓄冷系统初投资概算，见表 6.1.10。

冰蓄冷系统初投资估算表 **表 6.1.10**

序号	设备名称	规格型号	单位	数量	单价（万元）	合价（万元）	备注
1	双工况冷水机组	空调工况额定制冷量 650RT，制冰工况 425RT	台	3	98.3	294.9	
2	基载冷水机组	空调工况额定制冷量 1300kW	台	1	72.7	72.7	
3	蓄冰装置	9936RT·H	台	1	377.66	377.6	
4	双工况冷却塔	525m^3/h	台	3	14.7	44.1	
5	基载冷却塔	300m^3/h	台	1	8.4	8.4	
6	板式换热器	额定换热量 3500kW	台	3	32.6	97.8	
7	乙二醇泵	Q=400m^3/h，H=32m	台	4	3.3	13.2	一备
8	双工况冷却水泵	Q=500m^3/h，H=28m	台	4	3.3	13.2	一备

续表

序号	设备名称	规格型号	单位	数量	单价（万元）	合价（万元）	备注
9	基载冷却水泵	$Q=280m^3/h, H=28m$	台	2	2.2	4.4	一备
10	双工况冷冻水泵	$Q=600m^3/h, H=38m$	台	4	5.4	22	一备
11	基载冷冻水泵	$Q=262m^3/h, H=38m$	台	2	2.7	5.4	一备
12	软化水处理器	10t/h	套	1	2.4	2.4	
13	乙二醇系统定压设备		套	1	1.8	1.8	
14	集水器		套	1	2.5	2.5	
15	分水器		套	1	2.5	2.5	
16	水泵变频柜/mm	800×600×2200	套	10	50	50	
17	自控柜/mm	1200×600×2200	套	1	28	28	
18	材料及安装		项	1	185	185	
19	小计					1225.9	

2）常规空调系统初投资概算，见表 6.1.11。

常规空调系统初投资估算表 **表 6.1.11**

序号	设备名称	规格型号	单位	数量	单价（万元）	合价（万元）	备注
1	离心式冷水机组	额定制冷量 3340kW	台	3	143.6	430.8	
2	螺杆式冷水机组	额定制冷量 1300kW	台	1	72.7	72.7	
3	冷却塔	$800m^3/h$	台	3	22.4	67.2	
4	冷却塔	$300m^3/h$	台	1	8.4	8.4	
5	冷却水泵	$Q=720m^3/h, H=28m$	台	4	5.4	22	一备
6	冷却水泵	$Q=280m^3/h, H=28m$	台	2	2.2	4.4	一备
7	冷冻水泵	$Q=600m^3/h, H=38m$	台	4	5.4	22	一备
8	冷冻水泵	$Q=262m^3/h, H=38m$	台	2	2.7	5.4	一备
9	软化水处理器	10t/h	套	1	2.4	2.4	
10	集水器		套	1	2.5	2.5	
11	分水器		套	1	2.5	2.5	
12	水泵变频柜/mm	800×600×2200	套	8	45	45	
13	自控柜/mm	1200×600×2200	套	1	28	28	
14	材料及安装		项	1	210	210	
15	小计					923.3	

3）常规空调系统运行电费

常规空调执行一般工商业单一制电价，单价为 0.9 元/kWh。

（1）实际负荷为设计日负荷时常规空调运行电费，见表 6.1.12。

设计日负荷常规空调运行电费表 **表 6.1.12**

设备	螺杆式	离心式	冷却塔	冷却水泵	冷冻水泵	功率合计	电价	费用
	主机 kW	主机 kW	kW	kW	kW	kW	元/kWh	元
0:00	149	0	11	37	45	242	0.9	217.8
1:00	144	0	11	37	45	237	0.9	213.3
2:00	144	0	11	37	45	237	0.9	213.3
3:00	144	0	11	37	45	237	0.9	213.3
4:00	158	0	11	37	45	251	0.9	225.9
5:00	203	0	11	37	45	296	0.9	266.4
6:00	216	0	11	37	45	309	0.9	278.1
7:00	0	380	30	90	90	590	0.9	531
8:00	219	423	41	127	135	945	0.9	850.5
8:30	219	423	41	127	135	945	0.9	850.5
9:00	0	1116	60	180	180	1536	0.9	1382.4
10:00	0	1440	90	270	270	2070	0.9	1863
10:30	0	1440	90	270	270	2070	0.9	1863
11:00	0	1541	90	270	270	2171	0.9	1953.9
11:30	0	1541	90	270	270	2171	0.9	1953.9
12:00	0	1502	90	270	270	2132	0.9	1918.8
13:00	0	1674	90	270	270	2304	0.9	2073.6
14:00	219	1583	101	307	315	2525	0.9	2272.5
15:00	219	1514	101	307	315	2456	0.9	2210.4
16:00	0	1615	90	270	270	2245	0.9	2020.5
17:00	0	1394	90	270	270	2024	0.9	1821.6
18:00	0	986	60	180	180	1406	0.9	1265.4
19:00	0	837	60	180	180	1257	0.9	1131.3
20:00	219	416	41	127	135	938	0.9	844.2
21:00	203	0	11	37	45	296	0.9	266.4
22:00	162	0	11	37	45	255	0.9	229.5
23:00	153	0	11	37	45	246	0.9	221.4
合计								29151.9

（2）实际负荷为设计日负荷的75%时常规空调运行电费，见表6.1.13。

75%设计日负荷时常规空调运行电费表 **表6.1.13**

设备	螺杆式	离心式	冷却塔	冷却水泵	冷冻水泵	功率合计	电价	费用
	主机kW	主机kW	kW	kW	kW	kW	元/kWh	元
0:00	112	0	11	37	45	205	0.9	184.5
1:00	108	0	11	37	45	201	0.9	180.9
2:00	108	0	11	37	45	201	0.9	180.9
3:00	108	0	11	37	45	201	0.9	180.9
4:00	118	0	11	37	45	211	0.9	189.9
5:00	152	0	11	37	45	245	0.9	220.5
6:00	162	0	11	37	45	255	0.9	229.5
7:00	0	285	30	90	90	495	0.9	445.5
8:00	0	480	30	90	90	690	0.9	621
8:30	0	480	30	90	90	690	0.9	621
9:00	0	840	60	180	180	1260	0.9	1134
10:00	0	1080	60	180	180	1500	0.9	1350
10:30	0	1080	60	180	180	1500	0.9	1350
11:00	219	939	71	217	225	1671	0.9	1503.9
11:30	219	939	71	217	225	1671	0.9	1503.9
12:00	219	910	71	217	225	1642	0.9	1477.8
13:00	219	1045	71	217	225	1777	0.9	1599.3
14:00	0	1350	90	270	270	1980	0.9	1782
15:00	219	1082	71	217	225	1814	0.9	1632.6
16:00	219	995	71	217	225	1727	0.9	1554.3
17:00	0	1046	60	180	180	1466	0.9	1319.4
18:00	219	522	41	127	135	1044	0.9	939.6
19:00	219	410	41	127	135	932	0.9	838.8
20:00	0	475	30	90	90	685	0.9	616.5
21:00	152	0	11	37	45	245	0.9	220.5
22:00	122	0	11	37	45	215	0.9	193.5
23:00	115	0	11	37	45	208	0.9	187.2
合计								22257.9

（3）实际负荷为设计日负荷的50%时常规空调运行电费，见表6.1.14。

50%设计日负荷时常规空调运行电费表 **表 6.1.14**

设备	螺杆式	离心式	冷却塔	冷却水泵	冷冻水泵	功率合计	电价	费用
	主机 kW	主机 kW	kW	kW	kW	kW	元/kWh	元
0:00	75	0	11	37	45	168	0.9	151.2
1:00	72	0	11	37	45	165	0.9	148.5
2:00	72	0	11	37	45	165	0.9	148.5
3:00	72	0	11	37	45	165	0.9	148.5
4:00	79	0	11	37	45	172	0.9	154.8
5:00	101	0	11	37	45	194	0.9	174.6
6:00	108	0	11	37	45	201	0.9	180.9
7:00	192	0	11	37	45	285	0.9	256.5
8:00	0	320	30	90	90	530	0.9	477
8:30	0	320	30	90	90	530	0.9	477
9:00	0	558	30	90	90	768	0.9	691.2
10:00	219	503	41	127	135	1025	0.9	922.5
10:30	219	503	41	127	135	1025	0.9	922.5
11:00	219	558	41	127	135	1080	0.9	972
11:30	219	558	41	127	135	1080	0.9	972
12:00	219	534	41	127	135	1056	0.9	950.4
13:00	0	840	60	180	180	1260	0.9	1134
14:00	0	900	60	180	180	1320	0.9	1188
15:00	0	866	60	180	180	1286	0.9	1157.4
16:00	0	808	60	180	180	1228	0.9	1105.2
17:00	219	480	41	127	135	1002	0.9	901.8
18:00	0	493	30	90	90	703	0.9	632.7
19:00	0	419	30	90	90	629	0.9	566.1
20:00	0	317	30	90	90	527	0.9	474.3
21:00	101	0	11	37	45	194	0.9	174.6
22:00	81	0	11	37	45	174	0.9	156.6
23:00	77	0	11	37	45	170	0.9	153
合计								15391.8

(4) 实际负荷为设计日负荷的25%时常规空调运行电费，见表6.1.15。

25%设计日负荷时常规空调运行电费表 **表 6.1.15**

设备	螺杆式	离心式	冷却塔	冷却水泵	冷冻水泵	功率合计	电价	费用
	主机 kW	主机 kW	kW	kW	kW	kW	元/kWh	元
0:00	66	0	11	37	45	159	0.9	143.1
1:00	66	0	11	37	45	159	0.9	143.1

续表

设备	螺杆式	离心式	冷却塔	冷却水泵	冷冻水泵	功率合计	电价	费用
	主机 kW	主机 kW	kW	kW	kW	kW	元/kWh	元
2:00	66	0	11	37	45	159	0.9	143.1
3:00	66	0	11	37	45	159	0.9	143.1
4:00	66	0	11	37	45	159	0.9	143.1
5:00	66	0	11	37	45	159	0.9	143.1
6:00	66	0	11	37	45	159	0.9	143.1
7:00	96	0	11	37	45	189	0.9	170.1
8:00	162	0	11	37	45	255	0.9	229.5
8:30	162	0	11	37	45	255	0.9	229.5
9:00	0	280	30	90	90	490	0.9	441
10:00	0	360	30	90	90	570	0.9	513
10:30	0	360	30	90	90	570	0.9	513
11:00	0	386	30	90	90	596	0.9	536.4
11:30	0	386	30	90	90	596	0.9	536.4
12:00	0	376	30	90	90	586	0.9	527.4
13:00	0	421	30	90	90	631	0.9	567.9
14:00	0	450	30	90	90	660	0.9	594
15:00	0	432	30	90	90	642	0.9	577.8
16:00	0	404	30	90	90	614	0.9	552.6
17:00	0	349	30	90	90	559	0.9	503.1
18:00	0	247	30	90	90	457	0.9	411.3
19:00	211	0	11	37	45	304	0.9	273.6
20:00	160	0	11	37	45	253	0.9	227.7
21:00	66	0	11	37	45	159	0.9	143.1
22:00	66	0	11	37	45	159	0.9	143.1
23:00	66	0	11	37	45	159	0.9	143.1
合计								8835.3

(5) 整个供冷季常规空调运行电费计算

① 供冷季

5 月 1 日至 10 月 1 日，150 天。

② 各负荷占比，见表 6.1.16。

各负荷占比统计表 **表 6.1.16**

序号	负荷	占比	天数
1	100%负荷	20%	30
2	75%负荷	36%	54

续表

序号	负荷	占比	天数
3	50%负荷	32%	48
4	25%负荷	12%	18
5	合计	100%	150

③ 供冷季运行电费核算，见表 6.1.17。

供冷季运行电费计算表　　**表 6.1.17**

序号	负荷	天数	日运行费用(元)	小计
1	100%负荷	30	29151.9	874557
2	75%负荷	54	22257.9	1201926.6
3	50%负荷	48	15391.8	738806.4
4	25%负荷	18	8835.3	159035.4
5		150		2974325.4

④ 单位面积供冷费用

项目总建筑面积为 16 万 m^2，每平方米平均供冷费用为：2974325.4÷160000≈18.59 元/m^2/供冷季。

4）冰蓄冷空调与常规空调经济性比较，见表 6.1.18。

冰蓄冷空调与常规空调经济性比较表　　**表 6.1.18**

序号	内容	冰蓄冷空调	常规空调	增减百分比
1	系统尖峰负荷/kW	10774	10774	0.0%
2	制冷主机容量/kW	8155	11320	−28%
3	机房设备用电功率/kW	2187	2616	−16.4%
4	机房设备概算/万元	1225.9	923.3	32.8%
5	全年运行费用/万元	203.58	297.43	−31.55%
6	每年节约运行费用/万元	93.85		
7	回收年限	3.3 年		

6.1.8　结论

本项目建筑面积 16 万 m^2，设计冷负荷 10774kW，采用冰蓄冷空调系统后，通过“移峰填谷”，每年可为电网转移高峰负荷约 200 万 kWh，具有巨大的环保效益。

本项目设计的冰蓄冷机房系统投资约 1225.9 万元，年运行费用 203.58 万元，常规空调机房系统投资约 923.3 万元，年运行费用 297.43 万元，冰蓄冷系统比常规空调系统每年节省运行费用 116.75 万元，全年运行费用节省比例为 31.55%。比常规空调系统高出的投资部分在 3.3 年内就可以全部回收。冰蓄冷系统使用寿命在 20 年以上，所以在20年内最少可以为用户节约运行费用1560万元。

近几年，国家对环保重视程度不断加大，相继出台了一系列的政策，作为清洁能源的电能，在制冷和供暖行业得到了大力推广，分析未来几年，峰谷电价差可能会进一步拉大，本项目节省的费用也会成倍增长。故采用这一技术将带来巨大的经济效益和社会效益。

6.2 电极锅炉蓄热技术应用实例

6.2.1 电极锅炉技术

1）工作原理

电极锅炉是利用水的高热阻特性，直接将电能转换为热能的一种装置。

电极锅炉主要包括筒体、加热电极、高压配电系统、控制系统等，加热电压采用中电压，一般为6～35kV，现在市场上最常用的为10kV电压等级的电极锅炉，加热原理是三相电中压电流通过三相电极棒给设定电导率的炉水放出大量热能，从而产生可以控制和利用的热水或者蒸汽来满足负荷侧的需求。

2）产品分类

（1）根据水流与电极的接触方式不同，电极锅炉主要有两种结构形式。

① 浸没式电极锅炉

是指连接高压电源的电极直接浸没在锅炉的炉水中进行加热。炉水与锅炉外壁采用绝缘隔离的方式，避免锅炉金属筒体带电。

② 喷射式电极锅炉

是指炉水直接喷射到电极上进行加热，而不是电极直接浸没在炉水中。因此电极与锅炉金属筒体是“相对隔离”的，金属筒体不需要绝缘。

（2）两种结构形式的分析

① 两者的循环水量有较大差异，浸没式锅炉循环水量主要是补充蒸发损失的水量，因此水量较少。而喷射式锅炉是靠喷射的水量来维持其加热功率，因此喷射的水量非常大。

② 两种形式电极与炉水的接触面积不同，其电阻差别较大，因此对炉水的电导率要求差别较大。浸没式电极锅炉的电导率一般要求常温下在10us/cm左右，而喷射式电极锅炉的电导率一般要求在1700us/cm左右。

③ 绝缘要求不同。浸没式电极与炉水直接接触，因此要求与电极接触的炉水部分与锅炉金属筒体绝缘隔离，而喷射式电极与炉水不直接接触，金属筒体不需绝缘隔离。

④ 电源要求不同。浸没式电极锅炉三相电极处于对称状态，因此对进线电源没有特殊要求。而喷射式电极锅炉结构为三相不对称运行加热，因此要求进线为三相四线中心点接地。

⑤ 蒸汽品质不同。蒸汽一般不溶解盐，只有携带的水中含有盐。在相同的蒸汽湿度下，喷射式的含盐量要高于浸没式。

因此现在国内使用的电极锅炉一般均为浸没式。

3）技术特点

① 高压电极锅炉是利用水的导电性直接加热，因此电能全部转换成热能，不会出现传统锅炉缺水干烧现象，因此可以通过调节锅内水位高低，达到调节运行负荷的效果，即水位调节可 0～100%，当锅炉缺水时，电极之间的电流通道自然切断，传热面积调节也可 0～100%，进而电阻调节也可 0～100%，相对传统锅炉，调节范围更广。

② 电极锅炉直接采用高压电（6～35kV），从用户高压配电柜出线口直接接入电极锅炉的电极上端，无需设置变压器以及变压器后的配电系统，较少了电力损耗并降低了电力初投资费用。

③ 同等制热量的电极锅炉体积要远小于传统锅炉，吨位越大，体积差别越大，与常规锅炉相比可以节省安装空间。

④ 电极锅炉启动迅速，从冷态启动到满负荷只需要几十分钟，从热态启动到满负荷只需要几分钟，而常规锅炉启动时间非常长，从冷态启动到满负荷一般需要 1h 以上，从热态启动到满负荷也需要 15～20min。

⑤ 电极锅炉的电热元气件远少于常规电锅炉的电热元气件，设备故障率低，维护保养方面相对简单。

⑥ 电极锅炉自动化程度较高，可实现无人值守，较少运行人员，劳动力成本大幅度降低。

⑦ 可以与各种储能设备联合，做到调峰运行，而不影响供热。

⑧ 电能为清洁能源，电极锅炉运行中“零污染、零排放”，符合国家环保战略目标的要求，运行中无环保方面的后顾之忧。

4）应用领域

（1）城市大面积集中清洁供暖

在新疆地区因峰电和谷电差价较小，一般采用电极锅炉直供式清洁供暖；其他北方地区因峰电和谷电差价一般超过 3 倍，一般采用电极锅炉和储能设备联合清洁供暖。

（2）能源调节与消纳

电极锅炉和蓄能装置联合运行，可对易波动型清洁能源及分布式能源进行调节与消纳。

（3）智能电网电力负荷调节

电极锅炉和蓄能装置联合运行，对智能电网电力负荷进行调节。

（4）孤网和微网运行负荷的急速调节

利用电极锅炉启动速度快的特性。

(5) 轻重工业及军事工业生产

利用电极锅炉清洁能源运行安全可靠的特性。

(6) 从主要应用领域的分析可知，电极锅炉在使用过程中主要还是与蓄能技术相结合，现在国内应用最广泛的是电极锅炉水蓄热系统，该系统具有如下优点：

① 自动化程度高。可根据室外温度变化调节供暖供水温度，运行合理，节约能源。

② 运行安全可靠，具有过温、过压、过流、短路、断水、缺相等六重自动保护功能，实现了机电一体化。

③ 无噪声、无污染、占地少（锅炉本体体积小，设备布置紧凑，不需要烟囱和燃料堆放地，锅炉房可建在地下）。

④ 热效率高，运行费用低，可充分利用低谷电。

⑤ 操作方便，可实现无人值守，节约人工费用。

⑥ 适用范围广，可满足商场、办公、宾馆、机关、学校、厂房等多种供暖需要。

⑦ 可以平衡电网峰谷荷差，减轻电厂建设压力。

⑧ 未来电价呈下降的趋势，运行成本会进一步较少，经济效益会更加可观。

6.2.2 应用案例

1) 工程概况

某制药企业配置电极锅炉，用于供暖和蒸汽。

(1) 供暖说明

① 供暖区域及面积

一区：造血干细胞车间，供暖面积 2720m^2（共两层，层高 3m，只四周走廊供暖，有中央空调）；

二区：细胞制备中心，供暖面积 4000m^2（共两层，一层高度 4.8m，二层高度 3.5m）；

三区：细胞检测及辅助中心 3500m^2（共四层，一、四层高 4.2m，二、三层高 3.9m）；

四区：外用药车间，供暖面积 2121m^2（局部两层，只四周走廊供暖，有中央空调）；

五区：无菌车间，供暖面积 1993m^2（局部两层，只四周走廊供暖，有中央空调）；

六区：办公楼、车库、门卫，供暖面积 9900m^2（办公楼 8 层结构，层高 3m；车库和门卫一层）；

七区：宿舍楼，供暖面积 16938m^2（16 层，层高 2.8m）；

八区：仓库，供暖面积 7250m^2（一层 4.8m，二层 3.5m），辅助房供暖面积 3000m^2（局部两层，层高 3.2m）。

② 供暖温度

上述一、二、四、五区供暖温度 18℃；三、六、七区供暖温度 20℃；八区供暖温度 15℃；总供暖面积 51422m^2，供暖期 6 个月。

（2）生产用气

生产用气压力 0.7～0.8MPa，最大用气量 2t/h，具体用量根据生产任务确定。

（3）设计依据

国家及地方现行的有关规范、规定和标准：

《民用建筑设计统一标准》GB 50352—2019；

《公共建筑节能设计标准》GB 50189—2015；

《建筑设计防火规范》GB 50016—2014（2018 年版）；

《民用建筑供暖通风与空气调节设计规范》GB 50736—2012；

《民用建筑热工设计规范》GB 50176—2016；

《制冷空调设备包装通用技术条件》JB/T 9065—2015；

《全国民用建筑工程设计技术措施 暖通空调·动力》（2009 年版）；

建设单位提供的使用功能要求及有关文件。

（4）项目所在地电价，见表 6.2.1。

项目执行电价标准　　表 6.2.1

类别	时段	电价/(元/kWh)
峰电	7:00～11:30、17:00～20:30	0.6953
平电	6:30～7:00、11:30～17:00	0.5858
谷电	20:30～6:30	0.3263

（5）典型设计日逐时负荷情况

建筑物的负荷是指为使室内温湿度维持在规定水平上而须从室内排出的冷量，是一个随时间变化的非稳态的变量。水蓄热空调系统的设备及蓄热方式的选择是以冬季空调设计日（最不利情况）的逐时负荷分布为依据的。在冬季空调设计日 100%负荷状态下的 24h 逐时热负荷情况如图 6.2.1 所示。

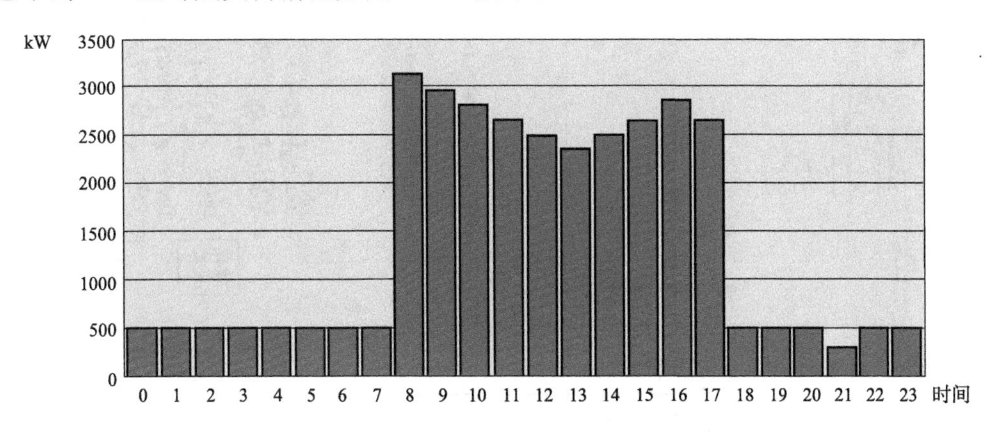

图 6.2.1　设计日负荷水蓄热空调逐时运行图

（6）电极锅炉蓄热系统流程，如图 6.2.2 所示。

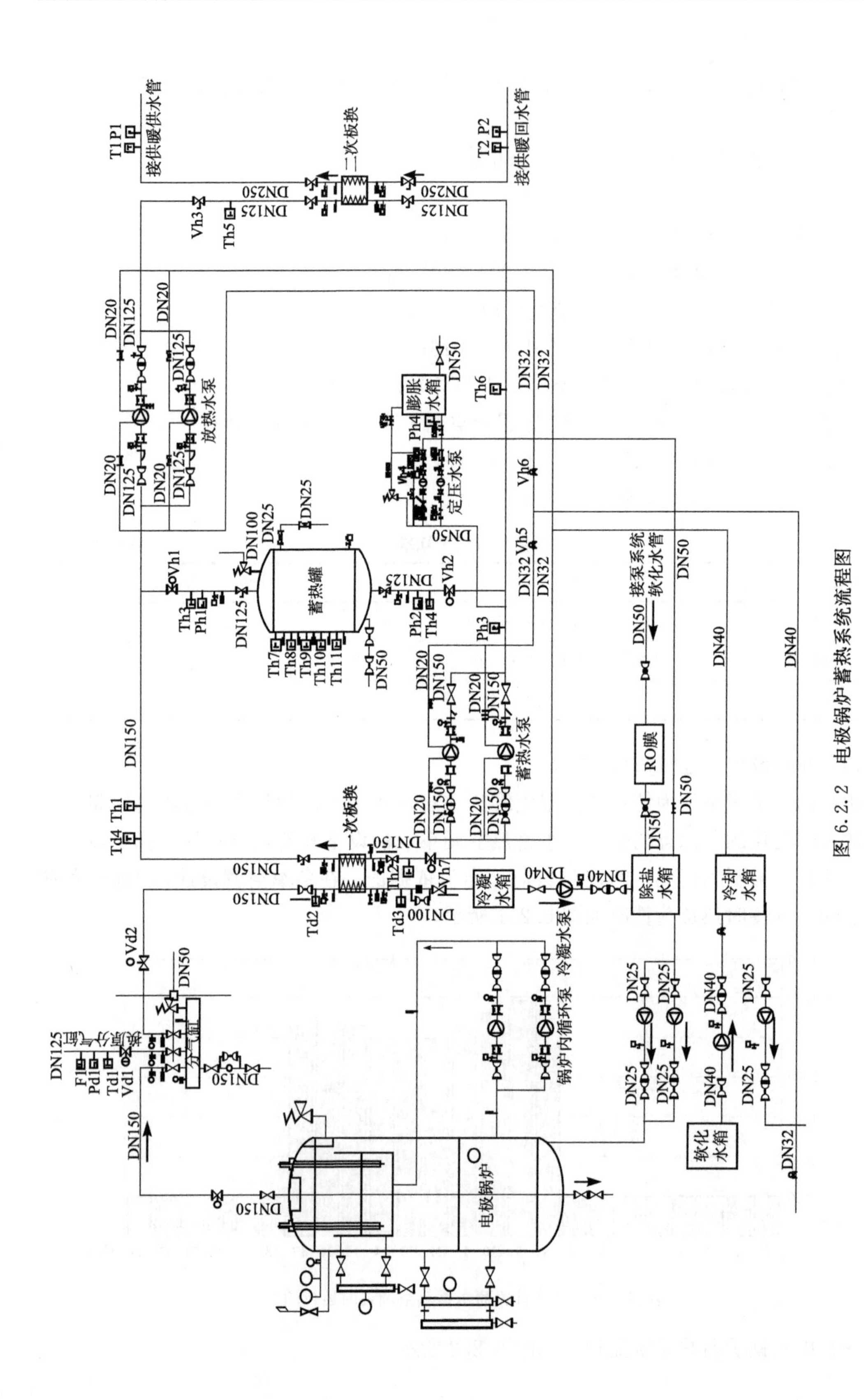

图 6.2.2　电极锅炉蓄热系统流程图

2）系统设备配置

（1）电极锅炉

从上面的负荷图可知供暖尖峰热负荷为3120kW，全天热负荷为33228kWh，谷电为10h，电极锅炉从开炉到达到额定负荷大约需要20min，停炉所需时间也接近，蓄热时间按9h计算，电极锅炉功率为：33228÷9＝3692kW

生产设计蒸汽压力0.8MPa，饱和蒸汽温度185℃，最大用量2.0t/h，按电蒸汽锅炉热效率99%计算，电锅炉功率为1.42MW。

用蒸汽的时间是非低谷时段，与晚上蓄热供暖时间刚好错开，因此选用一台蒸汽锅炉即可，考虑一定的余量，选用1台5MW（5000kW）的电极式蒸汽锅炉，输出0.8MPa的饱和蒸汽，经分汽缸后，一路接至板换换热提供130℃的高温热水（用于换热供暖时蒸汽温度控制在150℃）；一路直接接往蒸汽管道。

因本项目生产用气量与工厂生产计划有关，且为多个车间用气，因此供气量和供气时间会随时调整，电极锅炉负荷变化频率快，为保证安全和经济运行，设计时考虑两路负荷的用量自动调整。当生产负荷发生变化时，调整负荷期间多余的热量输送到供暖系统。

电源需求：业主提供一路10kV 5MW容量的电源：通过高压配电柜后分为：

① 1路10kV供电，5.0MW电源（三相三线），容量按选定的锅炉容量100%的进行配置。

② 通过原有的燃煤锅炉辅机电源提供一路380VAC、200kVA的电源（三相四线），用于给电极式锅炉的辅机及系统辅机供电，以及其他检修等供电。

水源要求：业主提供自来水，水质要求电导率不高于700μs/cm。

（2）蓄热设备

本项目为改造项目，安装空间有限，因此选用高温承压储热罐，蓄热温度130℃，放热结束温度55℃，可利用温度为75℃，设计日非谷电时段的供暖负荷为28548kWh。根据热量公式$Q=mc\Delta T$计算可知蓄热容积为：28548×0.86÷75≈328m^3

蓄热罐的安装空间尺寸为长×宽×高＝8.2m×7.2m×12.5m，蓄热罐现场制作，为圆柱形立式罐，直径6.5m，高度11.5m，直筒高度9m。

① 直筒体积

$$V1=\pi(D/2)2H=3.14\times(6.5\div2)2\times8.5\approx282\text{m}^3 \quad (6.2\text{-}1)$$

② 封头体积

近似公式 $$V2=(3.14\times D3)/24=3.14\times6.53\div24\approx36\text{m}^3 \quad (6.2\text{-}2)$$

③ 蓄热罐总容积

$$V1+2V2=282+2\times36=354\text{m}^3>328\text{m}^3$$

因此蓄热罐容积满足全量蓄热要求，蓄热罐材质为Q345容器钢，蓄热罐内设置上下一组304不锈钢圆盘形布水器，罐外保温厚度100mm，外包0.5mm彩钢板保护层。

(3) 板式换热器

二次侧板式换热器的换热量是根据末端总负荷选择并能满足极寒天气时的建筑供暖，设计负荷 3.12MW，考虑极寒天气的影响，并考虑一定的安全系数，配置 1 台 4MW 的板式换热器，换热器一次侧的供回水温度为 130℃/55℃，二次侧的供回水温度为 60℃/45℃，换热器采用 SUS316L 不锈钢板片，换热器承压 1.6MPa。

(4) 水泵

① 蓄热水泵

蓄热水泵采用高温泵，并能达到连续运行 180d 的性能要求，根据热量计算公式 ($Q=mc\Delta t$) 计算可得水泵流量为 75m³/h，蓄热水泵需要克服电极锅炉一次侧板换压降，蓄热罐压降，阀门及管路压降，水泵扬程选择 24m。

配置 2 台蓄热水泵（一用一备），单台水泵循环水量为 75m³/h，扬程 24m，配电功率 11kW。

水泵结构形式为卧式、后开门、单级单吸离心泵，符合 API610 以及 ISO 2858/DIN24256 标准。水泵泵体采用铸铁，叶轮材质为青铜，水泵耐温 150℃，承压 1.6MPa。

② 放热水泵

放热水泵采用高温泵，并能达到连续运行 180d 的性能要求，根据热量计算可得水泵流量为 60m³/h，放热水泵需要克服二次侧板换压降，蓄热罐压降，阀门及管路压降，水泵扬程选择 24m。

配置 2 台放热水泵（一用一备），单台水泵循环水量为 60m³/h，扬程 24m，配电功率 11kW。

水泵结构形式为卧式、后开门、单级单吸离心泵，符合 API610 以及 ISO 2858/DIN24256 标准。水泵泵体采用铸铁，叶轮材质为青铜，水泵耐温 150℃，承压 1.6MPa。

③ 供暖循环泵

供暖循环泵利用原系统循环泵，水泵两台，一用一备，单台功率 30kW。

(5) 纯水系统

供热系统配置 1 台额定制水量为 4t/h 的 RO 膜反渗透装置，出水电导率控制在 5um/cm，保证锅炉的用水需求。

(6) 自控装置与系统

自控装置与系统是组成蓄热空调系统的关键部分，自控设备均工作在条件相对恶劣的环境中，电动阀、传感元件均需在高温下工作，自控硬件均采用进口设备。本工程采用 SIEMENS 控制产品，该类产品因其无可挑剔的质量和极高的可靠性在电厂控制中得到广泛的应用。

本工程采用 SIEMENS 工业级的可编程序控制器（PLC）作为下位机系统，采用工业控制机与打印机作为上位机，确保实现蓄热系统和供气系统的参数化与全自动运行，实现系统的智能化运行。并和 BAS 系统兼容，在 BAS 系统上能监控蓄热系统。

在下位机系统中配置彩色中文人机对话屏，确保系统的上、下位机控制功能、控制档次不变，中文操作界面直观友好。

3）运行控制

（1）系统情况

电极式电锅炉输出 185℃饱和蒸汽，经分汽缸后，一路接至板换换热提供 130℃的高温热水（用于换热供暖时蒸汽温度控制在 150℃），一路直接接往蒸汽管道。

蓄热系统采用串联循环回路方式，在此循环回路中，电极锅炉与蓄热罐、板式换热器、蓄热循环泵、定压系统等设备组成蓄热系统，蓄热系统按以下三种工作模式进行：①电极锅炉蓄热兼供热模式；②蓄热罐单独供热模式；③电极锅炉与蓄热罐联合供热模式。

生产系统通过生产用分气缸分成四路，分别给四个生产车间供气，每路均设切换阀门，可以单独控制。

（2）系统流程

串联循环回路中的蓄热循环泵出口与一次板式换热器相联，进口可根据工况要求，既可与蓄热装置相联，也可切换成与二次板式换热器相通，满足系统在各工况下对蓄热回路的要求。

通往末端的供热回路与蓄热水回路通过板式换热器进行热交换，彼此完全隔离，在供暖期间，换热器将蓄热系统中循环的高温蓄热水调整到供暖需要的温度，同时保证蓄热水仅在蓄热系统中流动，降低末端系统设计与维护难度。

回路中配置 4 套电动阀，在控制系统指示下进行工况转换与系统保护，根据热负荷变化，调节进入蓄热装置的蓄热水流量，以保证经换热器向空调系统提供的热水温度恒定，满足热负荷需求。

供暖支路和生产支路上均装设电动调节阀，两路阀门自动调节开启比例，满足供暖和生产需求。

（3）运行策略

因本项目采用全量蓄热，运行策略如下：

① 极寒天气情况下（室外温度低于设计温度），谷电时段（晚 20：30～次日 6：30）系统在电极锅炉蓄热兼供热模式下运行，峰电时段在蓄热罐单独供热模式下运行，平电时段以蓄热罐放热为主，电极锅炉辅助运行满足建筑供暖。

② 负荷不大于设计负荷时，夜间谷电时段（晚 20：30～次日 6：30）系统在电极锅炉蓄热兼供热模式下运行，非谷电时段在蓄热罐单独供热模式下运行。因蓄热罐采取了有效的保温措施，热量损失可以忽略不计，因此在供暖负荷小于蓄热负荷时，谷电时段仍蓄到额定蓄热量，具体蓄热时间控制程序自动调节。

③ 8：00～18：00 生产用气时段，系统在电极锅炉供气＋蓄热罐供热模式下运行，当用汽负荷发生变化时，控制系统自动调节用汽支路和供暖支路上的电动调节阀，生产余汽进入供暖系统，以保证系统安全、经济运行。

4）经济型分析

（1）实际负荷为设计日负荷时水蓄热空调运行费用计算，见表 6.2.2。

设计日负荷时水蓄热空调运行电费计算表　　表 6.2.2

设备	电极锅炉	蓄热(放热)水泵	供暖水泵	功率合计	电价	费用
	kW	kW	kW	kW	元/kWh	元
0:00	3768	11	30	3809	0.3263	1242.8767
1:00	3768	11	30	3809	0.3263	1242.8767
2:00	3768	11	30	3809	0.3263	1242.8767
3:00	3768	11	30	3809	0.3263	1242.8767
4:00	3768	11	30	3809	0.3263	1242.8767
5:00	3768	11	30	3809	0.3263	1242.8767
6:00		11	30	20.5	0.3263	6.68915
6:30		11	30	20.5	0.5858	12.0089
7:00		11	30	41	0.6953	28.5073
8:00		11	30	41	0.6953	28.5073
9:00		11	30	41	0.6953	28.5073
10:00		11	30	41	0.6953	28.5073
11:00		11	30	20.5	0.6953	14.25365
11:30		11	30	20.5	0.5858	12.0089
12:00		11	30	41	0.5858	24.0178
13:00		11	30	41	0.5858	24.0178
14:00		11	30	41	0.5858	24.0178
15:00		11	30	41	0.5858	24.0178
16:00		11	30	41	0.5858	24.0178
17:00		11	30	41	0.6953	28.5073
18:00		11	30	41	0.6953	28.5073
19:00		11	30	41	0.6953	28.5073
20:00		11	30	20.5	0.6953	14.25365
20:30		11	30	20.5	0.3263	6.68915
21:00	3768	11	30	3809	0.3263	1242.8767
22:00	3768	11	30	3809	0.3263	1242.8767
23:00	3768	11	30	3809	0.3263	1242.8767
合计				34978		11571.4338

（2）每个供暖季水蓄热运行电费

供暖季从 10 月 15 日至次年 4 月 15 日的 180d，根据往年的哈尔滨供暖情况，年调节系数为 0.65 左右，每个供暖季电极锅炉水蓄热运行电费为：11571.4338×180×0.65≈1353858 元。

(3) 每个供暖季每平方米水蓄热运行电费

整个项目空调面积约为5.2万m^2，每个供暖季运行电费为：135.39÷5.2≈26元/m^2。

5）结论

电极锅炉以电力为能源，无烟尘，无噪声，具有较高的热效率，热效率≥99%。

采用10kV配电，减少了变压器等低压设备的投资，减少了转换能耗。

电极锅炉单台供热能力高，设备本体体积小，设备紧凑。

具有非常高的自动化功能，在进行启停调节的时候会比较方便，运行的过程安全、可靠。

采用蓄热技术，移峰填谷平衡电网用电负荷，较少输配电损失，对电力供应和生产有显著效益。

具有非常广的适用范围，在任何环境以及条件中都可以适用。

总之，蓄热式电极锅炉是一种经济效益和社会效益非常好的热源形式，与电锅炉相比，其市场前景更为可观。